José Wagner Braidotti Junior

A FALHA NÃO É UMA OPÇÃO

Aprenda como entender, tratar e eliminar definitivamente a ocorrência de uma falha funcional

2ª Edição Revisada e Ampliada

EDITORA CIÊNCIA MODERNA

A Falha Não é uma Opção – Aprenda como entender, tratar e eliminar definitivamente a ocorrência de uma falha funcional

Editor: Paulo André P. Marques
Produção Editorial: Aline Vieira Marques
Assistente Editorial: Lorena Fernandes
Capa: Daniel Jara
Diagramação: Tatiana Neves
Copidesque: Lorena Fernandes

FICHA CATALOGRÁFICA

BRAIDOTTI Junior, José Wagner.

A Falha Não é uma Opção - Aprenda como entender, tratar e eliminar definitivamente a ocorrência de uma falha funcional

Rio de Janeiro: Editora Ciência Moderna Ltda., 2013.

1. Engenharia Mecânica. 2. Segurança do Trabalho
I — Título

ISBN: 978-85-399-0837-0 CDD 620.1
341.617

Editora Ciência Moderna Ltda.
R. Alice Figueiredo, 46 – Riachuelo
Rio de Janeiro, RJ – Brasil CEP: 20.950-150
Tel: (21) 2201-6662/ Fax: (21) 2201-6896
E-MAIL: LCM@LCM.COM.BR
WWW.LCM.COM.BR **04/13**

Agradecimentos

Agradeço à minha esposa Jacqueline, e aos meus filhos Felipe, Guilherme e Maria Luisa, pelo apoio e entendimento do valor desta obra como uma realização pessoal.

"Quem não conhece o modo de falha, corre o risco da ocorrência da falha funcional, e consequentemente da necessidade da identificação da causa-raiz".

Apresentação

"A manutenção não é uma área ou um conjunto de ações isoladas. A manutenção, assim como as áreas de produção e comercialização de uma empresa, por meio dos seus padrões de trabalho, reflete o grau de maturidade, desenvolvimento e integração da organização como um negócio. Por meio da identificação destes padrões é possível compreender melhor os seus resultados, bem como o esforço necessário para aumentar de forma continuada e sustentável, os seus resultados.

Conheci o Eng. Wagner Braidotti no início dos anos 90, quando eu trabalhava na indústria cimenteira e ele desempenhava importante papel em uma grande empresa, ABB (Asea Brown Boveri), empresa multinacional com sede em Zurique, Suíça, líder em tecnologias de energia e automação, que na oportunidade desenvolvia um esforço muito grande no desenvolvimento de uma área de serviços de manutenção de padrão mundial, para indústrias de vários setores, em vários países do mundo. Foi o início de uma amizade duradoura e profícua até os dias de hoje.

O Eng. Wagner Braidotti tem atuado na atividade de manutenção em vários setores da economia, em indústrias de porte, nas áreas de cimento, açúcar e álcool, química, farmacêutica, metalúrgica e mineração entre outras. Sempre com muita seriedade, aplicação e profissionalismo. Sua carreira de sucesso agora nos brinda com um livro, que certamente será reconhecido pelo mercado e rapidamente se transformara em uma referência para todos os profissionais interessados no assunto manutenção, com ênfase na Análise de Falhas - Causa Raiz.

Retornando ao primeiro parágrafo, o Eng. Wagner Braidotti tem dedicado a sua carreira em reconhecer os padrões de trabalho das organizações, introduzindo mudanças estratégicas nas suas áreas de manutenção, que de maneira integrada, sustentada e contínua, aumentam a competitividade destas organizações.

A manutenção passa cada vez mais por um desafio permanente, que é compatibilizar o desenvolvimento tecnológico em oferta crescente e continua, com o desenvolvimento dos profissionais da área. Este é o caminho para extrair o máximo retorno possível dos ativos das empresas. Isto evidencia a necessidade diária de sustentar as soluções técnicas com soluções de gestão. O livro "A Falha não é uma Opção" em boa parte destaca a importância das principais questões de gestão, como Politicas e Planejamento, por exemplo, como fundamentais para possibilitar uma aplicação plena da metodologia da Análise de Falhas – Causa Raiz.

O Eng. Wagner Braidotti, mais que um profissional da manutenção, está contribuindo como cidadão brasileiro para o desenvolvimento do país. Existem muitas oportunidades de melhoria nas grades curriculares das Escolas de Engenharia e Técnicas do Brasil, que como o nome está indicando, priorizam a técnica, relegando para um segundo plano ou para as grades curriculares de outras profissões, importantes questões da gestão empresarial. O livro chama a atenção para estes aspectos igualmente.

A Análise de Falhas – Causa Raiz é uma etapa importante do Modelo de Manutenção das empresas. Ela está na fronteira entre a técnica, o humano e o organizacional, sendo caminho sistematizado e disciplinado para a busca da Excelência Operacional. Torna mais claras as oportunidades, os pontos fortes, os pontos débeis e as ameaças para o atingimento de níveis superiores de desempenho da manutenção e do negócio como consequência.

Boa leitura!"

Paulo de Tarso Serpa Fagundes
Diretor de Desenvolvimento e Projetos da Mining Ventures Brasil
Executivo com mais de 30 anos de experiência em cargos de gestão no setor de Mineração, entre outros. Recentemente, atuou como Country Manager em mineradoras com operaçãoes na América Central, além de ter sido Chief Operating Officer no Brasil. Paulo de Tarso é formado em Engenharia de Minas pela Universidade Federal do Rio Grande do Sul (UFRGS), possui MBA em Gestão Empresarial pela Universidade de São Paulo (USP) e MBA Executivo pela Fundação Getúlio Vargas (FGV).

Nota do Autor

Entendo que o maior legado profissional que as pessoas podem conquistar é a dinâmica de multiplicar seus conhecimentos através de outras pessoas, no sentido de proporcionar um desenvolvimento contínuo e sustentável, e conheci na literatura o melhor caminho para que este legado possa se tornar uma realidade.

Todas as informações constantes em um livro ficam registradas, documentadas e servem de consulta a qualquer momento.

A maior motivação que tive ao escrever este livro foi a oportunidade de transferir anos de experiência em diversos processos de manutenção, de uma maneira dirigida, concentrada e de fácil entendimento.

Em um primeiro momento, tinha entendido que esta missão seria mais fácil e, ao longo do tempo, fui descobrindo o quão difícil é coordenar uma grande quantidade de informações, em um mesmo documento, totalmente alinhado com o propósito central do tema escolhido para este livro.

Não estou apresentando somente teorias ou conceitos que podem ser aplicados em determinadas situações ou segmentos, o material desenvolvido ao longo deste livro está repleto de fatos reais e retratam muitos anos de experiência vividos na prática. As palavras são diretas e até em alguns trechos muito duras, mas o mais importante é a reflexão individual de cada leitor, retratando diretamente cada situação apresentada com sua realidade no dia a dia das suas tarefas.

Espero que o leitor possa, a cada página e/ou capítulo, se identificar com suas tarefas e experiências diárias, no sentido de encontrar algumas repostas, e um meio simplificado para a melhoria contínua dos seus processos de trabalho.

Tenho a certeza que as abordagens sobre o tema: “Análise de Falhas” não se esgotam neste conteúdo, mas esta contribuição pode iniciar um processo de melhoria na qual nossas atividades de manutenção necessitam, quando realizadas no dia a dia das organizações.

Sempre fica a sensação de que falta algum complemento, alguma informação adicional necessária, ou seja, a sensação de que nunca irei terminar de escrever, pois a cada leitura sempre é possível adicionar um novo parágrafo, um novo conteúdo, e até mesmo um novo capítulo, mas a maior importância de tudo isto é a certeza de que outras obras virão no sentido de completar e dar continuidade a este livro.

Minha maior satisfação é a possibilidade da disseminação de todos os conceitos e resultados apresentados nos capítulos a seguir, e que os leitores possam aproveitar o máximo destas informações compartilhadas e aplicar nos seus processos de trabalho.

Devo confidenciar que neste momento estou realizando um sonho, na qual venho cultivando há alguns anos, e espero que este seja o primeiro de outros temas que estarei preparando e compartilhando com nossa comunidade de manutenção.

Um grande abraço a todos e uma excelente leitura.

Muito obrigado.

Sumário

Capítulo 1

Capítulo 2

Capítulo 1
Introdução (incluindo conceitos de Manutenção Classe Mundial)

1.1) A Função Manutenção se fazendo presente nas empresas modernas: "*ESTRATÉGIA*"

Tempo houve em que a manutenção era considerada um mal necessário ou, na melhor das hipóteses, apenas uma atividade geradora de custos ligados ao processo produtivo, pelo fato de que, para cumprirmos as tarefas de manutenção, precisamos de recursos pessoais, materiais, ferramentais, às vezes precisamos contratar serviços externos, e tudo isso requer investimento por parte da manutenção.

Esta sensação de custo alto ou recursos mal aplicados, também pode ser traduzida quando temos uma quantidade muito grande de atividades de manutenção corretiva não planejadas; temos atividades de manutenção preventiva baseada no tempo mal dimensionada; ou temos melhorias ou modificações sendo realizadas, mas não alinhadas com o "negócio" da empresa.

Hoje esta situação está mudando radicalmente.

A globalização da economia; a evolução tecnológica em ritmo cada vez mais acelerado, desafiando a todo o momento nossos profissionais; as economias de escala determinando elevados custos de equipamentos e de paralisação; a constante busca pela redução dos custos de manutenção, no alcance do nível ótimo dos serviços; o despertar para o impacto ambiental das indústrias e de suas disfunções; a redução do ciclo de vida dos produtos como uma realidade vivenciada no nosso dia a dia; a acirrada competição que caracteriza todos os quadrantes da humanidade, tudo isto, junto e associado, fez com que a manutenção ingressasse definitivamente, no rol das variáveis estratégicas das organizações de produção.

A manutenção valoriza o patrimônio de uma empresa. Ela preserva este patrimônio, podendo ainda, quando realizada de modo inteligente, promover melhorias nas instalações, otimizando a produção.

A manutenção é o apoio direto à operação na missão de produzir.

A sofisticação dos processos e equipamentos, particularmente o acentuado nível de automação das instalações modernas, dão à manutenção um papel de "*copartícipe*" do processo produtivo, com grande cota de responsabilidade nos resultados operacionais.

A manutenção que, no passado foi subordinada à operação, e depois dela se separou para se afirmar volta agora na condição de sócio ativo, a ponto de que, em inúmeras organizações de vanguarda, as atividades de operação e manutenção se confundem.

Já não se pode aceitar a "guerra dos aliados" (operação / manutenção / administração), sem que os fatos e dados tratados estatisticamente sejam utilizados de forma inteligente.

Já não se pode mais ignorar as causas reais das quebras (falhas funcionais), dos custos, das desmotivações, dos acidentes e do não atendimento às exigências dos clientes.

Vamos romper com o passado acreditando que nossos processos de trabalho podem ser continuamente melhorados e que a educação, o treinamento e a valorização do homem não tem na mecanização, na informática e robotização os seus substitutos.

Portanto, tudo o que foi mencionado depende essencialmente do homem, que é seu princípio, meio e fim. Sem capacitá-lo (aspectos comportamentais, humanos, persistência, constância de propósito, organização, cumprimento de metas, aspectos técnicos e sociais), motivá-lo e apoiá-lo nada de significativo será alcançado, sejam quais forem os nossos propósitos e ambições.

Temos visto que o impacto direto das práticas de manutenção, a cada ano que passa, tem se tornado cada vez mais integrado com as práticas operacionais, pois todos os aspectos que envolvem uma área de manutenção produtiva, juntamente com o apoio das técnicas da manutenção autônoma, reforçam ainda mais esta necessidade de termos na manutenção uma atividade tão importante e estratégica quanto às atividades operacionais.

Somos testemunhas de uma grande mudança na maneira na qual a área de "Manutenção" vem atuando dentro das empresas.

As práticas de manutenção estão se transferindo da condição de reparos contínuos e repetitivos, para uma prática voltada ao processo do negócio, no aumento da confiabilidade dos ativos garantindo a capacidade produtiva da empresa.

Os gestores e colaboradores estão modificando sua mentalidade de um centro de custo reativo, para uma filosofia proativa na gestão dos ativos.

Acredita-se que as organizações líderes de mercado possuem em comum é a maneira de entenderem que a manutenção é um processo do negócio e que o planejamento e a programação formal é o principal fator crítico de sucesso.

Por exemplo, um grupo de 25 técnicos de manutenção deve realizar o trabalho de 39 técnicos, quando incrementado um único planejador de manutenção no departamento.

Na média, 1 hora de planejamento pode economizar 3 horas de trabalho da equipe. Normalmente, a função planejamento está posicionada abaixo, ou no mesmo nível, das oficinas especializadas de manutenção. Desta maneira, não sendo considerada como uma área estratégica no contexto do tratamento das informações gerais, relacionadas com as práticas das equipes no dia a dia.

Muitas organizações de manutenção não possuem a função planejamento atuando de uma maneira adequada no cumprimento de suas tarefas, outras possuem uma área de planejamento de manutenção realizando diversas atividades sem conseguir contribuir decisivamente com os resultados necessários para o bom andamento dos serviços de manutenção.

Concluindo, a melhor forma de criarmos um sentido produtivo nas práticas de manutenção é elaborarmos um Plano Diretor da Manutenção, contemplando todas as atividades estratégicas orientadas para o alcance dos resultados projetados para a empresa. O Plano Diretor da Manutenção deverá apresentar, essencialmente, as ações necessárias para o fortalecimento da equipe da manutenção, da gestão dos materiais sobressalentes, das formas de contratação dos serviços necessários e da definição dos indicadores de desempenho que estarão norteando o caminho na qual estamos seguindo, com uma possibilidade real de podermos corrigir nossa rota da melhor forma possível.

1.2) A componente estratégica: "*PESSOAS*"

O maior desafio da manutenção é termos que transformar ações de pessoas diferentes, com ideias, experiências, vícios, práticas, objetivos, visões, formação e capacidades diferentes em um resultado comum para a empresa.

Diferentemente de algumas funções na empresa onde a interação homem-máquina se traduz em um resultado produtivo, os resultados da manutenção devem ser conquistados através da ação das pessoas, na transformação de recursos materiais, ferramentais, procedimentos e instruções de trabalho, nos resultados esperados pela empresa.

Levando-se em consideração que estamos tratando de pessoas, um fator decisivo para a conquista destes objetivos é a motivação e, quando temos um grupo motivado e disposto a buscar estes resultados, conseguimos de uma maneira mais fácil, mas não podemos esquecer que a motivação está relacionada com vários aspectos externos à manutenção. Desta maneira, temos que garantir um ambiente de trabalho sadio, organizado, seguro, fornecendo um sistema de manutenção com padrões e técnicas bem definidas e, principalmente, um planejamento pró-ativo, contribuindo para que as pessoas possam realizar mais atividades com menos esforço.

Às vezes, nos esquecemos de dar uma atenção maior àqueles que irão garantir através das suas ações os melhores resultados para a empresa.

Às vezes, centramos nossas ações em funções gerenciais de controle, supervisão, coordenação e planejamento e deixamos de lado as melhorias nas práticas de manutenção realizadas através dos nossos colaboradores.

As oficinas de manutenção acabam ficando a parte de toda estratégia de trabalho.

Se pensarmos e imaginarmos que de nada adianta termos a melhor gerência, a melhor supervisão, os melhores recursos, um ótimo planejamento, sem que tenhamos a melhor equipe, nada disso irá resultar no atendimento dos melhores resultados para a empresa. Desta maneira, o investimento em toda a equipe é necessário, temos que necessariamente equilibrar nossos investimentos nos diversos níveis da manutenção, para que possamos também atingir as melhores práticas.

Nossa equipe de colaboradores que está a todo o momento dedicada a cumprir uma tarefa de manutenção, precisa se sentir integrada, desenvolvida, motivada e principalmente nivelada a ponto de entenderem que aquilo que estão realizando irá influenciar diretamente os resultados da empresa.

O resultado dos estudos somente irão atingir as causas-raízes se todos os técnicos envolvidos estiverem voltados para o mesmo objetivo, na mesma motivação e mesmo entendimento.

Portanto, os técnicos devem participar dos estudos:

- Sem preconceitos.
- Sem soluções pré-definidas.
- Com humildade.

- Com disciplina para seguir a metodologia.
- Com harmonia entre os participantes.

1.3) A participação integrada da produção: "*MANUTENÇÃO AUTÔNOMA*"

Normalmente dividimos as atividades de manutenção em 5 níveis diferentes.

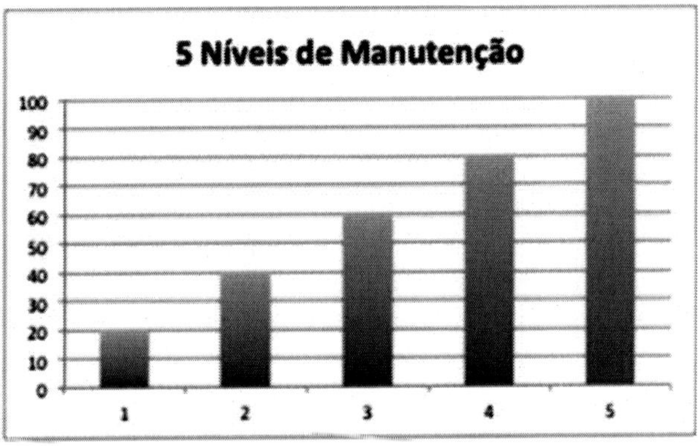

No primeiro nível, incluímos as atividades de limpeza convencional, pequenas inspeções, verificações rotineiras mais simples, ou seja, os cuidados básicos com os ativos.

No segundo nível, incluímos as atividades de pequenos ajustes, lubrificação, preparação dos ativos produtivos (set-up) e pequenos reparos, já introduzindo algumas atividades mais características da área de manutenção.

No terceiro nível, incluímos as práticas corretivas, com as necessidades de intervenções e reparos, com a consequente substituição de peças sobressalentes.

No quarto nível, incluímos as preventivas sistemáticas, corretivas planejadas e as preventivas por condição.

No quinto nível, incluímos as atividades de melhorias contínuas e pequenos projetos, para a melhoria de desempenho dos ativos.

Desta maneira, entendemos como possíveis as atividades realizadas pelos operadores, ou seja, o responsável pela operação dos equipamentos produtivos realizando atividades ligadas aos cuidados básicos de manutenção destes ativos, atividades de manutenção autônoma, no atendimento ao primeiro e parte do segundo grupo, conforme apresentado acima.

Pelo fato de termos nos operadores pessoas que se encontram ao lado do equipamento dia a dia, operando e sentindo suas mais diferentes reações, seus efeitos adversos, seus comportamentos estranhos, ruídos anormais e resultados desalinhados com os objetivos, podemos ter nestes operadores uma fonte muito valiosa de informações, no sentido de contribuir não somente para o desempenho direto dos equipamentos produtivos, mas também no sentido de poder alimentar a área de planejamento de manutenção, para que as ações planejadas possam ser realizadas de uma forma mais rápida e direta, e com mais qualidade e confiabilidade.

Desta maneira, criamos todo o cenário de envolvimento dos operadores no primeiro e segundo grupo, onde exigimos de uma forma orientada, acompanhada, organizada, prática e auditada, o cumprimento destas tarefas básicas no sentido de podermos, através deste desenvolvimento pessoal, não somente criarmos operadores mais produtivos, como também colhermos os frutos de melhores resultados.

Pelo lado da empresa, o processo de manutenção autônoma deve ser visto como um processo de crescimento coletivo dentro da organização, aonde os resultados deste processo irão se converter em melhores resultados para a empresa.

Pelo lado dos colaboradores dos processos operacionais, este processo deverá ser visto como um momento de desenvolvimento e crescimento pessoal, um momento de investimento em sua empregabilidade, contribuindo para sua motivação, aumentando sua visibilidade sobre o ativo na qual opera, conseguindo com isto melhores resultados produtivos e, muitas vezes, com os resultados produtivos cada vez melhores pode converter-se em melhores resultados individualmente.

Para a manutenção, este processo de manutenção autônoma deve ser visto como um grande benefício seja na integração e envolvimento do operador com o ativo, seja na possibilidade de utilizar as equipes de manutenção para as atividades que realmente exigem conceitos e técnicas de manutenção mais complexas.

Certamente que cuidados devem ser tomados, pois existem algumas atividades de manutenção que, por mais simples que possam parecer, são regulamentadas com normas legais, normas de segurança do trabalho, que não basta que os colaboradores saibam realizá-las, mas em muitos casos, os colaboradores devem estar capacitados, bem treinados, certificados para esta realização.

Desta maneira, esta estratégia de criar este cenário de manutenção autônoma deve ser desenhado, pensado e estruturado no melhor formato para cada organização.

Em todos os casos em que isto foi implementado, os resultados apareceram. Resultados como o aumento da produtividade do equipamento, melhores condições de trabalho dos operadores, melhor utilização da equipe de manutenção, tudo isto junto e associado, contribuindo para a redução dos custos.

Concluindo, como podemos notar, o processo de manutenção autônoma é um pilar fundamental para que possamos traduzir as práticas de manutenção em melhores resultados.

1.4) A componente decisória: "*CUSTO*"

Quando tratamos do tema custo, ou seja, o custo da manutenção, temos que tomar um grande cuidado, pois a primeira sensação que temos é que é possível baixarmos o custo a todo o momento. Se caminharmos neste sentido, chegaremos um dia a custo ZERO e, levando-se em consideração que para que possamos desempenhar as melhores práticas de manutenção, temos que atuar com pessoas motivadas, bem treinadas e disciplinadas; com materiais de boa qualidade; com ferramentas próprias para cada atividade, e também de boa qualidade, portanto, resumindo, tudo isto possui um custo agregado, então certamente que temos que buscar a melhor relação de custo com os resultados que esperamos e, desta maneira, estaremos atingindo o melhor resultado para a manutenção.

Pelo fato das empresas estarem constantemente participando em um mercado cada vez mais competitivo e globalizado, o componente do "***custo***" acaba sendo um grande diferencial para este negócio, mas temos que tomar um cuidado muito grande, pois quando tratamos desta importante variável, temos que gerenciá-la a médio e longo prazo e, se não fizermos isto, podemos criar uma delicada situação nas práticas de manutenção em função de que, se quisermos apenas reduzir o custo da manutenção, de uma maneira simplória e míope, basta simplesmente pararmos de fazer manutenção, ou seja, paramos de realizar as melhores práticas, paramos de substituir os materiais corretamente e paramos de utilizar os procedimentos adequados, certamente, com isto, estaremos reduzindo drasticamente os custos da manutenção, em um primeiro momento tornando o custo do negócio muito baixo, mas certamente a médio prazo, criando um colapso total nas instalações.

Esta situação, conforme desenhado acima, certamente irá nos custar muito mais recursos e iremos necessitar de muito mais investimento para podermos recuperar e atingirmos as condições iniciais dos processos produtivos.

Desta maneira, precisamos sim nos preocupar constantemente com os custos da manutenção, mas sem deixar de levarmos em consideração o valor agregado ao negócio da empresa.

1.5) A função responsável pela integração global: *"FUNÇÃO PLANEJAMENTO"*

Muitas vezes confundimos o planejamento como uma área centralizada, onde pessoas através de recursos informatizados procuram organizar suas tarefas, gerando documentos em forma de papel, tornando as práticas de manutenção altamente burocráticas.

Esta não deixa de ser uma visão realista e muitas empresas praticam desta forma, mas ao contrário deste formato podemos ter um planejamento estratégico, atuante e produtivo para as práticas de manutenção.

Da mesma forma que precisamos traduzir as ações de pessoas, orientadas, motivadas e bem treinadas, em resultados para a empresa, temos no planejamento uma função estratégica neste sentido.

Um planejamento atuante voltado aos resultados que a empresa necessita é denominado planejamento pró-ativo.

Esta pró-atividade pode ser traduzida em uma participação mais efetiva da área de planejamento, não somente na fase de planejamento, no tratamento das informações iniciais e no aprovisionamento de recursos, mas também de uma forma atuante na programação, preparação do trabalho e em alguns casos mais críticos no acompanhamento dos serviços de campo.

Cabe ao planejamento a tarefa de compilar e trabalhar todas as informações geradas através dos serviços realizados no campo sejam tarefas realizadas, facilidades encontradas, obstáculos encontrados, resultados quantitativos levantados dos equipamentos em campo, para que, após o tratamento dos dados adequadamente, relatórios possam ser gerados no sentido de melhorarmos continuamente os procedimentos técnicos de trabalho, em busca da revisão constante dos formatos das intervenções, com o principal objetivo de melhorarmos os resultados.

A empresa como um todo precisa de uma manutenção atuante, pró-ativa, comprometida com os resultados, se empenhando em realizar as manutenções no tempo certo, na quantidade certa e utilizando os melhores recursos existentes.

Neste sentido, cabe ao planejamento prover toda esta estratégica.

1.6) O conhecimento de todos os riscos envolvidos: "*SEGURANÇA DO TRABALHO*"

Nossa equipe de manutenção é grupo de colaboradores com maiores possibilidades de sofrer um acidente do trabalho, pelo fato de estarem diariamente expostos aos riscos e perigos na realização de diferentes atividades e por estarem percorrendo as instalações a todo o momento.

Da mesma forma é o grupo que mais pode nos ajudar a identificar estes riscos e perigos, nos sinalizar as condições inseguras, pois a partir do momento que pudermos receber continuamente estas informações de perigos e riscos, temos a obrigação de gerar ações de melhorias nas áreas para torná-las completamente seguras e, se possível, áreas cada vez mais seguras contra a possibilidade da ocorrência de atos inseguros, pois sabemos que as pessoas quando estão trabalhando por pressão, ou trabalhando cansadas, podem vir a se distrair e, consequentemente, sofrer graves acidentes. Contudo, se tivermos o cuidado de eliminar todas as situações de riscos e perigos, tornando as instalações cada vez mais seguras, provendo para a equipe condições de trabalho cada vez melhores e atuando com profissionais orientados, disciplinados, organizados e motivados, estaremos contribuindo para o alcance da nossa meta de ZERO ACIDENTE.

1.7) A participação estratégica na fase de projeto: "*TEROTECNOLOGIA*"

Um dos fatores principais com o objetivo de evitar a ocorrência de falhas funcionais e melhorar o desempenho dos equipamentos em sua fase produtiva é o total envolvimento da manutenção na fase de desenvolvimento e projeto de um novo equipamento ou de uma nova instalação.

Este envolvimento da manutenção na fase de projeto é fundamental, pelo fato que com as experiências adquiridas no dia a dia, muitas informações valiosas podem ser integradas ao projeto, contribuindo para que o resultado possa ser cada vez melhor. Temos visto que em muitos casos a manutenção encontra sérias dificuldades em realizar, desde uma simples inspeção de rotina até uma parada preventiva sistemática mais completa, pelo fato que os pontos necessários de sofrerem as intervenções de manutenção muitas vezes encontram-se em posições inadequadas, desfavoráveis e sem as mínimas condições de propiciar a realização de um serviço rápido, organizado e seguro e na qualidade exigida pelas boas práticas de manutenção.

Com este envolvimento da manutenção podemos prever uma grande contribuição durante o ciclo de vida do equipamento, contribuindo esta que pode ser traduzida em números, reduzindo com isto, dentre outros fatores, os custos da manutenção. E como sabemos, com a redução destes custos estaremos contribuindo muito com os custos operacionais, ou seja, o valor agregado ao produto final da empresa.

O que temos presenciado neste cenário é uma área de manutenção composta por equipes próprias e contratadas, trabalhando sobrecarregadas no seu dia a dia, normalmente atuando no efeito dos problemas existentes, e não na causa raiz, gerando um grande número de retrabalhos, sem nenhuma condição de estarem participando estrategicamente com esta contribuição tão valiosa, nas reuniões dos novos projetos. Por outro lado, vemos uma área de engenharia de projetos, focada apenas no desenvolvimento de um novo projeto, levando muito pouco em consideração a grande contribuição de uma área de manutenção, seja ela mecânica, elétrica, instrumentação, hidráulica, pneumática ou civil, no resultado direto de um novo projeto.

Temos presenciado também uma situação que os engenheiros e projetistas pensam que podem desenvolver projetos cada vez melhores, em um tempo cada vez mais rápido, a um custo cada vez melhor e, nesta ânsia de atingir os resultados estabelecidos, esquecem que existe uma importante parcela deste novo projeto, que, quando os ativos estiverem já instalados e operando, deve ser mantido por uma equipe que normalmente não esteve participando ativamente durante todas as fases de um novo projeto.

Isto tudo vai criando um certo distanciamento entre as equipes, fazendo com que estas surpresas indesejadas futuras sejam frequentemente utilizadas como desculpa, para que o ativo não consiga atingir o nível produtivo esperado, conforme desenhado na fase inicial do projeto.

Concluindo, temos que, de uma forma prática, organizada e inteligente, integrar no time de projeto os profissionais da área de manutenção para que possamos ganhar dos dois lados, ou seja, tanto no desenvolvimento de um projeto cada vez melhor, com sistemas e ativos cada vez mais produtivos e confiáveis, como também facilitando a vida do time responsável em manter estes mesmos ativos operando, durante todo o ciclo de vida dos ativos.

1.8) A importância da verificação constante dos processos de trabalho: "*ANÁLISE CRÍTICA*"

Se quisermos melhorar os resultados da manutenção, temos que entender, em primeiro lugar, de que forma estamos trabalhando, como estamos enxergando ou praticando as inspeções de rotina, as manutenções preventivas sistemáticas, as corretivas planejadas e de que forma estamos reagindo à grande variabilidade de ações geradas no dia a dia de um departamento de manutenção.

Realizar uma análise crítica continuada é a melhor maneira de estarmos sempre prontos para qualquer necessidade de correção de rota, pois, desta maneira, os processos de trabalho estarão sob controle e o impacto das mudanças será minimizado.

Sempre que houver uma condição na qual tivermos que deixar uma "*zona de conforto*" para trilhar um patamar maior, vão existir algumas barreiras "*invisíveis*" que serão a maior resistência para que possamos evoluir no desempenho diário das nossas funções e, portanto, neste momento será muito importante uma carga maior de disciplina e visão de que o "*novo*" caminho a ser seguido irá resultar em benefícios diretos a tudo o que estiver envolvido com a condição em questão.

1.9) A Análise de Falha e a "*VARIABILIDADE NA MANUTENÇÃO*"

Apesar de entendermos e trabalharmos para que as falhas não ocorram, não podemos desvalorizar a importância da realização da análise de cada falha ocorrida, para que possamos garantir a não ocorrência de uma reincidência do mesmo tipo de falha, pois, temos na área de manutenção uma condição que pode dificultar a obtenção de melhores resultados durante a aplicação do método de análise de falha, que é a "*variabilidade*".

A variabilidade acontece em todas as áreas da empresa e, consequentemente, na manutenção não poderia ser diferente. O que ocorre é que, trabalhando com o foco em uma boa gestão dos ativos, nos deparamos com algumas interferências diretas, como por exemplo, a operação dos ativos, a qualidade dos ativos, a qualidade da matéria-prima que irá ser processada nos ativos, todos os aspectos relacionados à segurança do processo e, como pode ser verificado, além dos próprios aspectos relacionados com as práticas de manutenção, a abrangência relacionada à gestão dos ativos é muito grande, apresentando assim uma grande variabilidade relacionada ao objetivo comum que é um ativo confiável, pronto para ser utilizado quando necessário, gerando resultado conforme programado.

Em virtude da existência da grande variabilidade dos processos citados acima, gera um desafio maior para o grupo responsável em uma análise de falha, no sentido de poder evidenciar corretamente as causas-raízes e gerar um plano de ação na qual, independente da área afetada, as ações devem ser realizadas corretamente, para que as falhas possam ser eliminadas, pois, se o objetivo maior é a garantia de um ativo confiável, temos que realizar nossas práticas de trabalho corretamente, para que possamos garantir a previsibilidade das falhas, evitando assim que situações indesejáveis e sem controle possam ocorrer.

A variabilidade pode ter a contribuição tanto no aspecto técnico, como no aspecto organizacional, também no aspecto pessoal, gerencial e dos processos de trabalho.

O aspecto técnico está vinculado aos ativos e instalação e, também, aos materiais sobressalentes, somando a este grupo, as ferramentas e os dispositivos. Este aspecto é importante, pois em função do fator do valor de aquisição, valor de reposição de um ativo, podemos encontrar uma grande variabilidade nos processos de compras, em virtude da melhor estratégia de aquisição, seja de um ativo, de uma ferramenta, ou de um material sobressalente. Quando ocorre uma condição diferente na aquisição destes produtos, podemos nos deparar diretamente em campo com um alto grau de variabilidade, pois este grau depende da qualidade e das condições de operação destes ativos. Por mais que tenhamos pessoas devidamente treinadas para realizar uma troca de um componente em campo, se este mesmo componente não apresentar uma qualidade correta, o ativo irá reagir diferentemente do seu processo, gerando com isto uma possibilidade de falha muito grande, portanto, temos que garantir que os aspectos técnicos estejam muito bem dimensionados, e que sejam adquiridos conforme a qualidade determinada nos padrões de trabalho, e das solicitações técnicas.

Referente à variabilidade organizacional, entende-se que a estrutura na qual a empresa está desenhada com as funções técnicas e operacionais pode garantir uma condição de trabalho que venha a gerar uma possibilidade maior ou menor de variabilidade nos processos, em que, conhecendo por exemplo, uma estrutura organizacional no formato de manutenção autônoma, criando nos operadores características de uma inspeção técnica mais apurada, considerando este fator uma possibilidade de vigilância diária dos ativos em operação, entende-se que o fator de variabilidade se apresenta em uma condição menor, ou seja, uma visão de operação mais abrangente com respostas mais rápidas para o processo, na qual a previsibilidade de falha se apresenta em uma condição antecipada, garantindo um grau de variabilidade menor em todo o ciclo do processo de trabalho.

Um dos fatores de maior variabilidade são os aspectos pessoais, pois para que possamos operar os ativos e mantê-los, necessitamos de pessoas bem orientadas, capacitadas na qual o conhecimento esteja compartilhado e estas pessoas possam realizar seu trabalho motivadas, fazendo com que qualquer tipo de interferência externa possa ser bem administrada, se possível evitada e que ações de garantia de uma operação, seguindo um padrão de trabalho bem definido, possa ser realizada.

Apesar de se entender que, quando tratamos de aspectos pessoais, não podemos deixar de levar em consideração, além dos aspectos racionais, também os aspectos emocionais, portanto, se tem que garantir uma equipe motivada, bem treinada, compartilhada nos seus propósitos, metas bem determinadas, para que o impacto emocional seja o menor possível, e no aspecto racional se poder garantir uma variabilidade sempre menor.

Com relação ao aspecto gerencial, entende-se que as equipes de trabalho realizam suas tarefas diárias da maneira na qual a gerência conduz e determina, naturalmente, sendo cada equipe de trabalho um espelho do seu gestor, desta maneira, um dos fatores que podem contribuir para que haja uma variabilidade alta nos processos de trabalho é a forma que o gestor conduz seus liderados, desde a orientação técnica diária com a distribuição dos serviços e, principalmente, a maneira que os resultados são cobrados. Por exemplo, a equipe que trabalha constantemente sob pressão tende a apresentar um grau de variabilidade maior pois o dia a dia em uma condição desta gera uma fragilidade mais acentuada na equipe, criando dificuldades no relacionamento pessoal, na qual o fator emocional contribui para um ambiente vulnerável e com o aparecimento de desvios no processo, fortalecendo o alto grau de variabilidade neste aspecto. Por outro lado, uma equipe que trabalha em um ambiente mais tranquilo tende a se relacionar melhor e apresenta um ambiente de trabalho mais sadio, uma integração maior, um melhor controle sobre os processos e a antecipação das variáveis de desvio dos processos, garantindo um grau de variabilidade menor.

1.10) Algumas palavras sobre: "*MANUTENÇÃO CLASSE MUNDIAL*"

Muito se tem escrito e divulgado sobre esta classificação das práticas de manutenção, mas o maior cuidado a se tomar é não determinar como "*meta interna*" aos indicadores de desempenham que representam os processos de manutenção da empresa, os resultados obtidos em organizações consideradas como referência no mercado (em cada segmento analisado), que são os resultados denominados "*benckmarking*".

A busca contínua pela "Classe Mundial" tem como foco central o conceito de "*Perda Zero na Manutenção*".

As "*perdas*" podem ser representadas, de uma maneira muito simples, pelo gráfico abaixo:

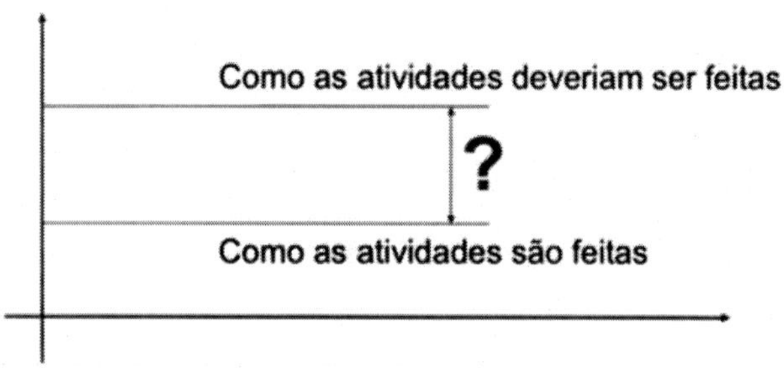

Ou seja, as "*perdas*" podem ser traduzidas como sendo a diferença entre como as atividades de manutenção deveriam ser feitas, e de como as atividades são realmente executadas no dia a dia das oficinas.
Para que o entendimento possa ser facilitado, pode-se exemplificar esta distância (**?**), como sendo:

a) A forma de utilização das Pessoas (Produtividade):

Representa a maneira da qual os técnicos de campo são utilizados e ocupados em tarefas diretas nos ativos.

Quanto maior a utilização do técnico em atividades de campo ou na oficina, maior será o indicador de produtividade da equipe.

O que ocorre é que, na maioria das vezes, em função de uma grande quantidade de "obstáculos" gerados pelo planejamento, programação, supervisão, almoxarifado, compras, etc., os técnicos de campo não conseguem utilizar melhor o seu tempo com o foco direto na realização de mais serviços.

Nas empresas que aplicam os conceitos de manutenção de classe mundial, todas as funções de apoio à execução são realizadas corretamente, em uma sequência lógica e harmônica.

b) A praticidade e atualização dos Planos de Manutenção:

A base de dados referente aos Planos de Manutenção Preventiva deve estar atualizada, ou seja, representar as ações para todos os componentes instalados, e deve ser revisada periodicamente.

Os documentos que são utilizados para orientar os técnicos de campo nas suas ações diárias, também conhecidos como Ordem de Serviço, devem concentrar todas as informações necessárias para uma ação correta de campo, ou seja, as tarefas detalhadas, os tempos estimados, as ferramentas e materiais necessários.

A maneira na qual o documento da Ordem de Serviço for apresentado para o técnico de campo, irá representar a praticidade do Plano de Manutenção Preventiva.

O Plano de Manutenção apresentado via Ordem de Serviço deve detalhar todos os tempos nas quais os técnicos estão dedicados ao serviço determinado, e não somente limitada nas ações que interferem diretamente o ativo em campo.

Observação: É muito comum se encontrar o texto informado na Ordem de Serviço representando somente as tarefas que impactam diretamente nos ativos, e não todas as ações e tempos despendidos pelos técnicos para seu cumprimento.

Pelo fato da Ordem de Serviço não ser apresentada aos técnicos de uma maneira completa, talvez esta seja a causa-raiz do não preenchimento correto (registro com qualidade) de todas as informações necessárias na Ordem de Serviço, após os serviços realizados pelos técnicos de campo.

c) A estratégia aplicada na Gestão dos Contratos:

A contratação de serviços de terceiros é uma realidade nas empresas e possui uma importância nos aspectos das especialidades, dos custos envolvidos e dos tempos necessários para o cumprimento de determinadas atividades.

Para que o serviço de terceiro possa agregar valor nas atividades contratadas, deve ser gerido corretamente, ou seja, os indicadores de desempenho devem ser determinados, e a produtividade da equipe contratada deve ser apresentada.

Todos os serviços contratados devem ser acompanhados no momento da sua execução e devem ser avaliados logo após sua conclusão ou avaliado periodicamente, dependendo do período e do tipo de contrato.

d) A Confiabilidade do Histórico dos Ativos:

Para que se possa aplicar corretamente os conceitos gerais de gestão dos ativos, o acompanhamento de todas as ocorrências realizadas, periodicamente, é de extrema importância para que a melhor estratégia de manutenção esteja alinhada com a condição do ativo.

Portanto, o registro com qualidade das ações realizadas vai compor o histórico dos ativos que pode ser consultado com confiabilidade, sempre que necessário.

Desta maneira, fica evidente que a qualidade da Ordem de Serviço interfere diretamente na condição pela qual o técnico de campo poderá relatar todas as suas tarefas (ações, obstáculos, dificuldade, etc.) realizadas.

Um paradigma importante a ser trabalhado neste aspecto é a maneira pela qual os técnicos de campo entendem os motivos que devem registrar corretamente suas tarefas realizadas nas Ordens de Serviços.

e) O Planejamento focado em ações pró-ativas:

A atividade de planejamento é a atividade que controla o fluxo de todas as informações que são compartilhadas no dia a dia do departamento da manutenção.

É o planejamento que determina quais atividades deverão ser realizadas e como os técnicos de campo deverão atuar no cumprimento correto das suas ações.

Para que o planejamento possa atuar de uma maneira positiva, deve compreender todos os processos relacionados com sua função e procurar, sempre que possível, antecipar todas as informações as quais irão facilitar as atividades de programação, supervisão e principalmente da execução.

Cuidados devem ser tomados para que o tempo total despendido no entendimento dos processos relacionados não venha a comprometer o cumprimento da "Função Planejamento".

f) A gestão do estoque das Peças Sobressalentes:

Em um ambiente "Classe Mundial", o estoque de peças no almoxarifado possui o tamanho correto, as peças classificadas pela criticidade, a correta gestão dos materiais armazenados, ou seja, uma prática contributiva nas ações diárias de campo da manutenção.

A gestão das peças deve garantir a não existência de estoques intermediários paralelos, sem o controle do inventário.

Em um ambiente de tarefas preventivas programadas, todos os materiais necessários para o cumprimento das atividades, devem ser adquiridos diretamente para serem aplicados na data programada, ou seja, o estoque não deve ser afetado por estas práticas de manutenção.

Os materiais armazenados no estoque devem representar o universo necessário para a garantia operacional, e os itens classificados com a criticidade "Z".

g) A Flexibilidade nas ações e decisões:

Em virtude do dinamismo dos processos operacionais e da grande dependência do mercado consumidor, nem sempre os períodos programados para a realização dos serviços de manutenção são disponibilizados e, desta maneira, podem comprometer o indicador de cumprimento dos serviços programados.

Portanto, a manutenção deve estar sempre preparada para uma mudança de rota a qualquer momento, tornando sua estratégia flexível na oportunidade de não comprometer a utilização das suas equipes de trabalho.

Quanto mais a manutenção estiver integrada aos processos operacionais, melhor a condição de contribuir com a flexibilidade adequada em cada momento que for necessário.

h) O Comprometimento da equipe:

Pelo fato das ações de manutenção serem realizadas por pessoas, existe uma dependência direta dos resultados obtidos através destas atividades, com a maneira da qual os técnicos de campo entendem corretamente sua participação em todos estes processos.

Quando se realiza um treinamento em qualquer formato (sala de aula, campo, oficina, etc.), se consegue, no máximo, o "envolvimento" dos técnicos, sua atenção e sua formação.

Mas, para que se consiga o total comprometimento dos técnicos, é necessário garantir sua participação na elaboração e preparação das suas práticas de trabalho.

O comprometimento da equipe irá garantir que o nível de cobrança será proporcional ao resultado que se deseja atingir.

i) O Treinamento técnico e comportamental constante:

Sendo as pessoas um importante fator crítico de sucesso para os resultados da manutenção, o desenvolvimento continuado é vital para manter os técnicos de campo participando ativamente das suas tarefas diárias.

O desenvolvimento da equipe deve ser equilibrado entre os aspectos técnicos, ou seja, características específicas dos ativos instalados, e os aspectos comportamentais, ou seja, na relação dos técnicos com sua equipe de trabalho nos aspectos, por exemplo, motivação, assertividade, comunicação, trabalho em equipe etc.

Desta maneira, deve-se implantar um plano de treinamento amplo, envolvendo toda a equipe, nos aspectos técnicos e comportamentais.

j) Os Indicadores de Desempenho consistentes:

Todas as atividades realizadas nas empresas devem ser controladas e quantificadas através de medidores, os quais denominamos: "Indicadores de Desempenho".

Os indicadores de desempenho da manutenção devem representar o processo de trabalho que se deseja medir.

O processo de coleta e obtenção dos dados que irão formar o resultado quantitativo deve ser definido e deve garantir a qualidade e a confiabilidade da medição.

Apesar do KPI representar apenas o passado, seu resultado deve sempre motivar uma ação de melhoria, no processo medido, no sentido de garantir que a próxima medição possa gerar um cenário melhor quando comparado ao cálculo anterior.

k) A Análise de Falha como uma ferramenta do dia a dia:

Entende-se a análise de falha como uma metodologia fundamental na identificação das causas-raízes, propiciando ações para a eliminação da ocorrência de falhas funcionais, é importante que seja aplicada com frequência.

Pela importância da aplicação frequente do método de análise de falha, a meta é a conquista da motivação individual de cada técnico na utilização desta ferramenta no seu dia a dia, ou seja, a cada evento de falha funcional que seja qualificável para ser analisada.

Todos os aspectos relacionados à aplicação desta metodologia serão apresentados na sequência deste livro.

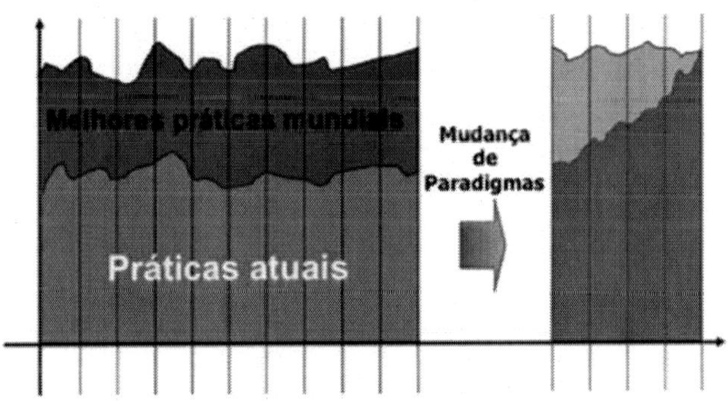

Gráfico demonstrativo da diferença entre as práticas atuais e as melhores práticas mundiais.

1.10.1) Conceitos gerais da "Manutenção Classe Mundial":

- A manutenção preserva as funções dos equipamentos.

- A maioria das falhas são independentes da vida do equipamento.

- As tarefas das atividades de manutenção preventiva por condição se baseiam no tempo do desenvolvimento da falha.

- Se tecnicamente apropriada, a manutenção preventiva por condição é geralmente mais barata e efetiva que a manutenção preventiva sistemática.

- É mais efetivo tentar melhorar a confiabilidade de um equipamento alterando o modo de operação e manutenção, do que alterando as características de seu projeto.

- Os planos de manutenção devem ser customizados para cada equipamento, com seus respectivos padrões de funcionamento e operação.

- Um programa de manutenção só terá êxito se as equipes de manutenção e operação trabalharem em conjunto.

- É necessária a revisão periódica de todas as práticas realizadas, buscando a melhoria contínua.

- Utilização de práticas pró-ativas.

- Comprometimento da equipe de manutenção no atendimento dos indicadores de desempenho.

- Capacitação da equipe para atendimento das necessidades.

- Confiabilidade do histórico (apontamento) para a tomada correta de decisões.

Capítulo 2
A Falha e:

2.1) A Manutenção Produtiva:

"Para que a manutenção possa garantir o melhor resultado para a empresa, deve ser praticada como um processo composto por uma sistematização padronizada, métodos bem definidos, e não como apenas "um conjunto de tarefas reativas a serem realizadas e motivadas pelos ativos instalados."

Questão:
"Nossa visão da manutenção é como um processo organizado ou como apenas ações reativas (após a ocorrência de falhas) realizadas no dia a dia?"

Os 13 pontos que caracterizam um ambiente de Manutenção Produtiva.

- A manutenção como um processo estruturado e não como tarefas realizadas através de ações reativas (caracterizando trabalho excessivo).

- Colaboradores disseminados e não apenas treinados.

- Colaboradores disciplinados e não apenas esforçados (caracterizando trabalho excessivo).

- Análise de Falha Pró-ativa ao invés da Análise de Falha Reativa (tratando como uma opção).

- Confiabilidade como resultado focado e não como modismo passageiro.

- Inspeção técnica com foco na Falha Potencial ao invés do foco na Falha Funcional.

- A Ordem de Serviço como um importante instrumento de Gestão da Informação, na alimentação do banco de dados através dos registros diários.

- Os Indicadores de Desempenho (KPI – Key Performance Indicators) com base na melhoria contínua no fortalecimento dos ganhos futuros e não somente na análise e conhecimento do histórico passado.

- A Operação alinhada e capacitada para garantir o correto manuseio e a conservação dos ativos, e não apenas atuando como o "cliente" da manutenção.

- Os Planos de Manutenção estão desenvolvidos pela criticidade e histórico dos ativos e não apenas pela experiência dos colaboradores, e passam por atualização constante.

- A estratégia da contratação dos serviços está determinada pelo maior valor agregado ou é definida apenas pelo menor preço (custo).

- Entende-se plenamente a diferença entre a "Função Planejamento" e a "Função Programação".

- Entende-se plenamente a diferença entre a "Manutenção Eficaz" e a "Manutenção Eficiente".

2.2) A Produtividade Pessoal e os Paradigmas da Manutenção

"Medir e conhecer a produtividade pessoal de cada colaborador é a melhor maneira de interpretarmos corretamente a sensação de falta de técnicos de manutenção, quase comum nas organizações.

Questão:
"Estamos medindo, periodicamente, a produtividade pessoal das equipes de manutenção da nossa empresa?"

Os melhores resultados das práticas de manutenção realizadas nas empresas dependem fundamentalmente dos esforços dos colaboradores da manutenção, os quais garantem através das suas ações realizadas no dia a dia o cumprimento da programação dos serviços evitando falhas indesejadas, diagnosticando corretamente o comportamento dos ativos nos processos produtivos e garantindo uma informação com qualidade registrada nas Ordens de Serviço.

Em virtude da grande dependência dos resultados vinculados aos colaboradores, é de fundamental importância conhecer a maneira na qual estes mesmos colaboradores conduzem todas as suas atividades vinculadas ao tempo total, na qual se encontram na empresa diariamente.

Por outro lado, existe um grande paradigma nas empresas que é representado pelo receio dos colaboradores em relatar e registrar, detalhadamente, suas atividades no dia a dia. Entendendo que estes mesmos colaboradores são contratados para que possam realizar suas tarefas diárias, nas quais são planejadas, programadas e necessárias na garantia da estabilidade do processo produtivo confiável.

O método que possibilita o levantamento e a identificação da distribuição das atividades pelo tempo dos colaboradores é denominado "***Produtividade da Manutenção***", que também é conhecida no mercado internacional como "***Wrench Time***".

A aplicação deste método não visa, em nenhum momento, à verificação do comportamento individual de cada colaborador, durante suas práticas diárias, seus vícios nas suas rotinas de trabalho, nem mesmo sugere uma análise dos resultados como um comparativo individual de produtividade.

O método possui como foco central e direto a identificação de todas as interferências negativas ocorridas no dia a dia, para que possam ser devidamente tratadas e possam garantir um processo sustentável implantado, na melhoria contínua no fator da utilização dos colaboradores da manutenção.

Podemos garantir que a demanda de melhorias a serem realizadas nem sempre está relacionada diretamente com a manutenção nem com os colaboradores da manutenção participantes deste processo, como por exemplo, o tempo aguardando a liberação de um ativo para realizar o serviço, o tempo aguardando um material no almoxarifado, os tempos utilizados para os deslocamentos diários na empresa, os tempos aguardando a orientação da supervisão etc.

Pela dinâmica representada pelas atividades de manutenção na empresa e pela característica pela qual se entendem as particularidades dos diversos tipos de tarefas realizadas diariamente, quanto melhor se puder entender e conhecer os parâmetros que levam a perda da produtividade, pode-se tornar o cumprimento da manutenção mais assertiva, pode-se aumentar o grau de utilização dos colaboradores da manutenção no atendimento a produtividade necessária, fazendo com que os resultados possam ser cada vez melhores, tanto no aspecto do cumprimento daquilo que está programado, como também no atendimento à viabilidade econômica do departamento da manutenção.

Conclui-se, que em função da oportunidade de melhoria contínua para cada ação relacionada aos processos identificados como desvios do cumprimento pela interferência direta nos serviços diários realizados pelos técnicos de manutenção, é possível identificar um resultado dinâmico, flexível, o qual seja projetado através de uma meta escalonada, na busca da melhor produtividade possível para cada equipe de manutenção analisada.

2.2.1) A Falha e os Paradigmas da Manutenção

> *"Pelo fato de os paradigmas fazerem parte da natureza humana e estarem presentes no dia a dia através do comportamento e das ações dos colaboradores, entende-se que existe uma relação direta entre a maneira da qual o colaborador entende o contexto de uma ação e a maneira da qual a ação deve realmente ser executada. O desvio gerado no entendimento correto deste contexto leva diretamente ao cumprimento de ações viciadas, as quais contribuem decisivamente para a ocorrência de eventos não planejados, ou seja, caracterizando o "momento de uma falha".*

Questão:
"Estamos preparados para identificar e tratar todos os paradigmas existentes no nosso meio de trabalho, envolvendo todos os colaboradores que fazem parte da nossa equipe?"

2.2.1.1) Corrigindo os paradigmas do grupo técnico de trabalho:

Uma das condições que mais prejudica o resultado da análise de falha, considerando que se trata de uma condição real, é a situação em que os técnicos envolvidos e participando das reuniões no desenvolvimento da metodologia de análise de falhas, iniciam sua participação na reunião já com o paradigma formado sobre as causas que levaram o ativo a falhar.

Entendemos que, o conhecimento e entendimento dos técnicos sobre a situação encontrada após uma falha não é uma condição ruim, pois irá contribuir muito durante o desenvolvimento e aplicação da metodologia de análise de falha, por outro lado, o paradigma formado sobre o entendimento prévio do conhecimento que leva diretamente a causa, sem a aplicação correta dos passos que envolvem a metodologia padronizada, pode gerar como conclusão do trabalho um resultado não alinhado com a realidade e com as necessidades do sistema no qual o ativo está instalado, portanto é muito importante para a condução do grupo de trabalho que as pessoas sejam orientadas e decidam participar de cada reunião, isentos de qualquer tipo de vícios ou paradigmas, respeitando os passos da metodologia, conquistando com isto um entendimento maior sobre todas as oportunidades e as condições nas quais o ativo vem operando atualmente.

Isto ocorre porque, tecnicamente falando, temos o hábito de nos concentrarmos somente considerando os aspectos técnicos de cada ativo, por muitas vezes esquecemos que este mesmo ativo que falhou trabalha em um ambiente composto por outros ativos, outras condições ambientais, outras situações nas quais pode levar este mesmo ativo a falhar.

Esquecemos também que existem aspectos relacionados a procedimentos, documentação, roteiros de trabalho, padronização, em virtude de todos estes aspectos relacionados, mas não diretamente envolvidos com a ação técnica em cada ativo de campo é que muitas vezes o resultado apresentado se torna prejudicado quando alguns cuidados não são tomados na condução do grupo de estudo.

Exemplos de Paradigmas na Manutenção:

a) Paradigma quanto ao "*Ativo*":

É muito comum encontrarmos processos de manutenção com o foco exclusivo nos ativos, não considerando a aplicação deste mesmo ativo no processo produtivo na qual está instalado, conforme a figura acima ("Antes").

É importante a correta visibilidade do ativo e o impacto que ele causa no sistema na qual está instalado, pois sempre vai existir uma interferência direta do ativo no sistema, e vice-versa, conforme a figura acima ("Depois").

b) Paradigma quanto aos "*Custos*" envolvidos com os ativos:

Da mesma maneira que, apresentado no paradigma anterior, a maneira como um ativo é visualizado quando instalado em campo também traz o mesmo conceito de todos os custos envolvidos com este ativo, ou seja, quando analisamos o ativo isoladamente, os custos envolvidos se limitam aos custos com as pessoas, os materiais e aos serviços contratados, mas quando analisamos este mesmo ativo no contexto do processo operacional na qual está instalado, os custos analisados devem considerar, não somente os custos de manutenção, mas também os custos (e economias) na produção, na matéria-prima associada, na energia etc.

c) Paradigma quanto ao "*Gerenciamento*" dos ativos – Modelo 1:

Esta condição acima demonstra a maneira pela qual se convive com uma situação por muito tempo, sem a preocupação de eliminar os serviços repetitivos continuamente.

Se temos uma árvore plantada próxima a um poste de energia elétrica e esta árvore possui como uma característica crescer naturalmente, se o foco do trabalho é trabalhar apenas no "*efeito*", periodicamente é acionado um colaborador para cortar o tronco da árvore, evitando que com o crescimento desta árvore, seus galhos possam interferir diretamente na fiação elétrica, gerando, por exemplo, a ocorrência de um curto-circuito.

Mas, se o foco é trabalhar na "*causa-raiz*", a ação correta é replantar a árvore em outra posição, fora do alcance da fiação elétrica, fazendo com que possa crescer naturalmente sem a necessidade de cortes periódicos do seu tronco, mantendo a instalação elétrica livre de qualquer interferência deste tipo.

d) Paradigma quanto ao "*Gerenciamento*" dos ativos – Modelo 2:

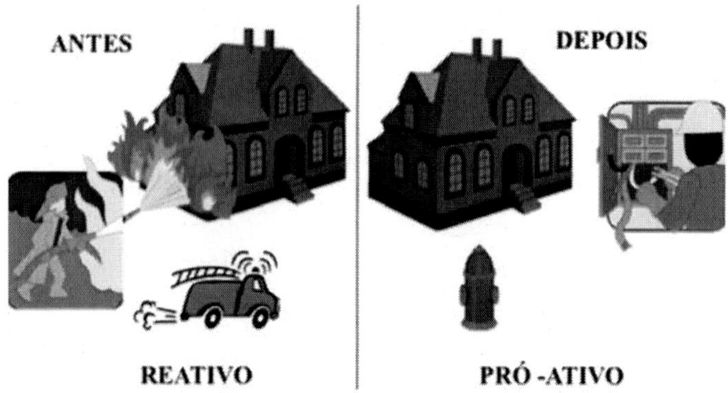

Este paradigma retrata a condição da maneira como uma ação de manutenção é realizada após a ocorrência de um evento não planejado, ou seja, se de uma maneira "***reativa***", somente eliminando a situação ocorrida, ou de uma maneira "***pró-ativa***", eliminando a situação ocorrida e realizando um estudo mais aprofundado na busca da causa-raiz, no sentido de evitar uma recorrência do mesmo evento no futuro.

e) Paradigma quanto às "*Políticas*" da manutenção:

A estratégia da manutenção possui uma relação direta com este paradigma, pois quando a atividade de manutenção é entendida como uma "ação", o tempo de planejamento não é valorizado e, portanto, quase que todo o tempo dedicado às atividades de campo está vinculado às ações dos colaboradores e muitas necessidades de reparos são identificadas no momento de cada ação, tornando com isto, os resultados imprevisíveis e onerosos.

Por outro lado, quando se pode aplicar um pouco mais de tecnologia na estratégia da manutenção, se pode priorizar as ações do planejamento de cada tarefa preventiva programada, se utilizando para esta fase de planejamento todo o tempo necessário, na garantia de que o tempo utilizado para as ações de campo seja o menor possível, na condição de interferir muito pouco na sequência do processo produtivo.

2.3) A Curva "P-F"e a Inspeção Eletromecânica

"É importante o entendimento de que o desenvolvimento dos Modos de Falhas e inerente aos sistemas eletromecânicos".

Questão:
"O quanto estamos preparados para combater e antecipar as ações sobre as falhas 'potenciais' já em andamento?"

A **Curva P-F** é a curva que apresenta o período de desenvolvimento da falha **(PDF)**.

Para facilitar o entendimento de todas as características da **Curva P-F**, é necessário o alinhamento com todos os fatores detalhados abaixo:

Falha: Segundo a NBR 5462-1994, "a falha é o término da capacidade de um item desempenhar a função requerida. É a diminuição total ou parcial da capacidade de uma peça, componente ou máquina de desempenhar a sua função durante um período de tempo, quando o item deverá ser reparado ou substituído. A falha leva o item a um estado de indisponibilidade". As falhas devem estar sempre associadas a parâmetros mensuráveis ou indicações claras, para que os critérios de falha não sejam ambíguos.

Falha Potencial: É uma condição física identificável na qual indica que a ocorrência de uma falha funcional está iminente e é normalmente identificada pelo mantenedor através da aplicação da inspeção eletromecânica ou das técnicas preditivas (manutenção baseada na condição, tais como, análise de vibração e termografia).

Falha Funcional: É definida como a incapacidade de um ativo (ou componente) de atender a um padrão de desempenho específico e é normalmente definida pelo operador.

Sendo a falha um evento já ocorrido, não programado nem planejado, podemos definir:

Análise: conhecer as características e situação relacionadas com o evento já ocorrido.

Causa: identificar as causas (físicas, pessoais, sistêmicas, gerenciais) envolvidas diretamente com o evento em estudo.

Raiz: definir a(s) origem(s) das causas identificadas.

A importância da "raiz", pois se tratamos somente as "causas", não estaremos eliminando a recorrência do evento não programado nem planejado

2.3.1) As Falhas Funcionais (FF) e as Falhas Potenciais (FP):

Entendendo que podemos considerar a análise de falha a metodologia a ser aplicada quando da ocorrência de falhas funcionais (FF) e também para falhas potenciais (FP), criamos uma condição favorável quando entendemos que a aplicação da metodologia na busca da causa raiz quando nos deparamos com uma falha funcional, perde-se a relação direta com a prática da manutenção pró-ativa, pois nenhum benefício direto é gerado através do resultado da análise, já que não podemos voltar atrás com o resultado obtido e garantir uma intervenção a tempo de evitar a falha funcional já ocorrida, desta maneira com a aplicação da metodologia nestas condições, o único benefício esperado são ações reais, as quais possam evitar a ocorrência de falhas funcionais similares, garantindo uma maior estabilidade do processo produtivo, com uma maior confiabilidade dos ativos e na condição de podermos utilizar os resultados da aplicação desta metodologia para sistemas similares.

Quando utilizamos o resultado da aplicação da metodologia para sistemas similares, aí sim, para estes sistemas operando, e ainda não apresentando falhas funcionais, podemos caracterizar a aplicação de uma manutenção pró-ativa através de algumas ações e serviços realizados nos ativos, podemos estender sua vida útil e evitar a ocorrência de falhas funcionais.

Mas, o que ocorre é que em muitas situações temos uma grande oportunidade de utilizar as valiosas informações geradas pelo grupo de estudo no sentido de aplicarmos melhor os recursos da manutenção, mas em virtude de uma série de ocorrências diárias, não conseguimos garantir o desempenho dos ativos, gerando uma grande oportunidade de levarmos o ativo a uma falha funcional entendendo que, esta condição nos caracterizaria em uma ação de manutenção reativa, e não mais pró-ativa.

2.3.1.1) Falha Potencial

Necessidade de comunicação rápida da falha potencial:

- Via operador.
- Via inspetor eletromecânico.
- Via mantenedor.
- Via técnico de preditiva.
- Via inspetor de segurança, saúde e meio ambiente (SSMA).

2.3.1.2) Falha Funcional

Necessidade de comunicação rápida da falha potencial:

- Via operador.

Necessidade de avaliação rápida da falha funcional:

- **Condições de campo:**
    - Definição clara do componente que falhou.
    - Situação apresentada em campo logo após o evento da falha.
    - Relato do operador do ativo envolvido no evento da falha.
    - Histórico de ocorrência similar anterior.
    - Relato do mantenedor responsável pelas preventivas sistemáticas.
    - Relato do inspetor eletromecânico.
    - Relato do técnico de preditiva.

- **Condições sistêmicas:**
    - Planos / check-list / inspeção.
    - Histórico.
    - Planejamento / programação.
    - Cumprimento da O.S.
    - Indicadores de desempenho.

2.3.2) A Curva do Desenvolvimento da Falha Funcional (curva P-F):

É a curva que demonstra:

- A importância de um trabalho planejado e controlado, de ações bem orientadas e na velocidade que o diagnóstico apresentar como sendo necessária.

- A competência da manutenção no alcance dos objetivos do processo produtivo. (disponibilidade, confiabilidade, etc.).

Passo 1: Desempenho de um ativo no estado de "novo":

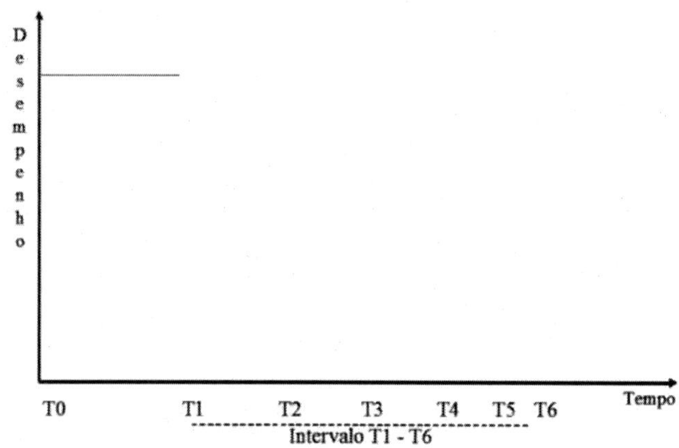

Passo 2: Início de uma Falha Funcional no Ponto 1, no Tempo T1:

A partir deste momento, caso nenhuma intervenção programada seja realizada, a tendência é de um agravamento desta falha funcional (falha potencial) já iniciada, com uma tendência até a ocorrência de uma ***falha total no Tempo T6***.

Neste momento temos uma ***excelente*** condição de realizarmos uma atividade de corretiva planejada, com um ***excelente*** intervalo de tempo para sua programação e realização.

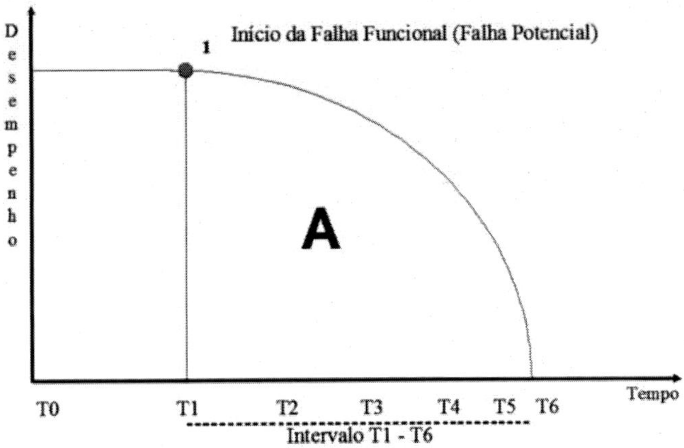

Passo 3: Sequência da Falha Funcional no Ponto 2, no Tempo T2:

Neste momento, caso nenhuma intervenção programada seja realizada, a tendência é de um agravamento desta falha funcional (falha potencial) já iniciada, com uma tendência até a ocorrência de uma ***falha total no Tempo T6***.

Neste momento, temos uma ***ótima*** condição de realizarmos uma atividade de corretiva planejada, com um ***ótimo*** intervalo de tempo para sua programação e realização.

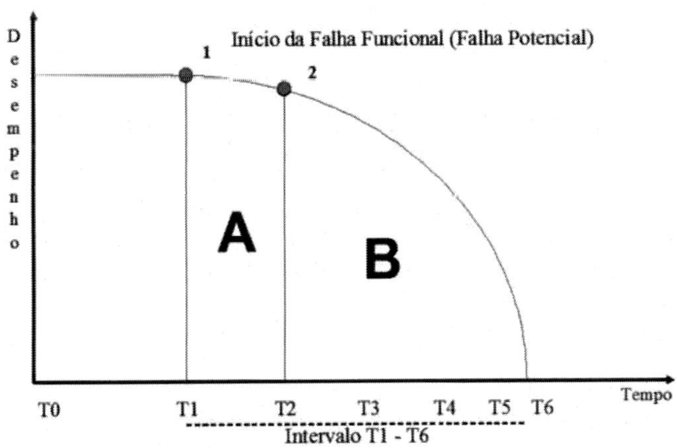

Passo 4: Sequência da Falha Funcional no Ponto 3, no Tempo T3:

Neste momento, caso nenhuma intervenção programada seja realizada, a tendência é de um agravamento desta falha funcional (falha potencial) já iniciada, com uma tendência até a ocorrência de uma ***falha total no Tempo T6.***

Neste momento, temos uma ***boa*** condição de realizarmos uma atividade de corretiva planejada, com um ***bom*** intervalo de tempo para sua programação e realização.

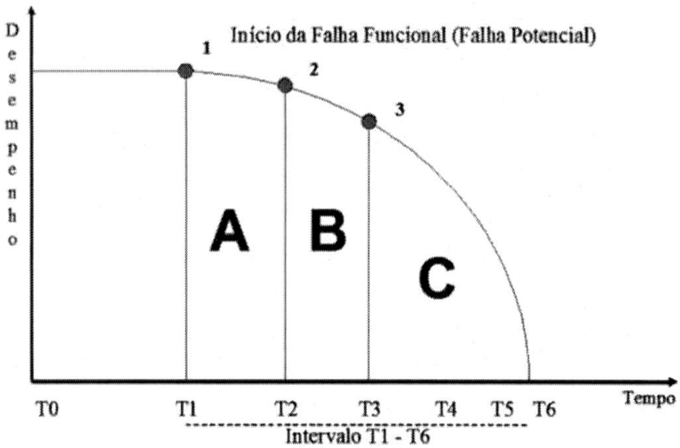

Passo 5: Sequência da Falha Funcional no Ponto 4, no Tempo T4:

Neste momento, caso nenhuma intervenção programada seja realizada, a tendência é de um agravamento desta falha funcional (falha potencial) já iniciada, com uma tendência até a ocorrência de uma ***falha total no Tempo T6.***

Neste momento, temos uma ***razoável e perigosa*** condição de realizarmos uma atividade de corretiva planejada, com um ***razoável*** intervalo de tempo para sua programação e realização.

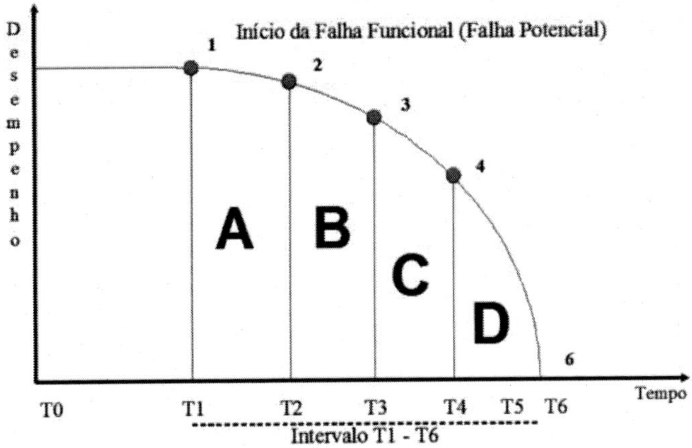

Passo 6: Sequência da Falha Funcional no Ponto 5, no Tempo T5:

Neste momento, caso nenhuma intervenção programada seja realizada, a tendência é de um agravamento desta falha funcional (falha potencial) já iniciada, com uma tendência até a ocorrência de uma ***falha total no Tempo T6***.

Neste momento, temos uma ***péssima e perigosa*** condição de realizarmos uma atividade de corretiva planejada, com um ***péssimo*** intervalo de tempo para sua programação e realização.

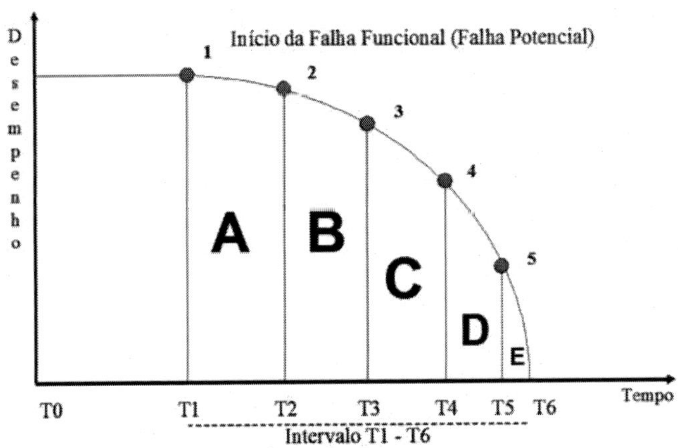

Passo 7: Sequência da Falha Total no Ponto 6, no Tempo T6:

Neste momento, caso nenhuma intervenção programada tenha sido realizada, a ***falha total*** no ***Ponto 6*** e no ***Tempo T6*** se torna evidente e uma péssima realidade, pois estará demonstrando que qualquer tipo de planejamento existente para este ativo deverá ser revisado e atualizado.

Neste momento, não temos nenhuma condição de realizarmos uma atividade de corretiva planejada, e o que nos resta é atendermos esta situação de emergência, no sentido de retornar o ativo à sua condição operacional no atendimento ao processo produtivo.

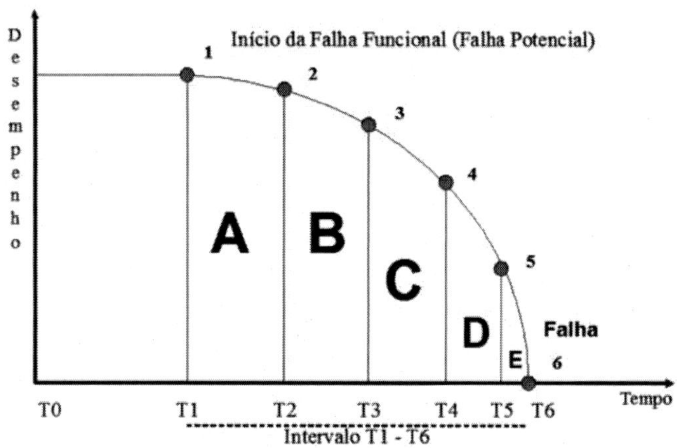

Entender a Análise de Falhas com 2 focos distintos:

a) "Foco Reativo", análise realizada após a ocorrência de um evento de falha funcional, ou seja, de um evento não programado. Normalmente no momento da análise, o foco é a pressão por resultado, por informação, por ação rápida.

b) "Foco Pró-ativo", análise realizada antes da ocorrência de um evento de falha funcional. Esta condição gera para a equipe de estudo melhores condições de análise, na busca de um resultado mais próximo da realidade e das necessidades do processo. Este foco possibilita uma ação de melhoria para evitar a ocorrência da falha funcional.

2.3.3) A Falha e a Inspeção Eletromecânica

"A inspeção eletromecânica possui como característica central na sua aplicação a oportunidade de entendermos, em tempo real de maneira padronizada, todos os sintomas mecânicos e elétricos transmitidos pelos ativos que estejam sendo assistidos pelos inspetores de campo, durante o cumprimento de uma rota planejada."

Questão:
"Nosso Departamento de Engenharia de Manutenção e Planejamento possui planos de inspeção eletromecânica elaborados e atualizados, os quais são aplicados em campo por técnicos especialistas dedicados exclusivamente para esta finalidade?"

Os ativos eletromecânicos possuem como característica construtiva os diversos componentes eletromecânicos serem instalados formando um conjunto que durante a sua utilização, em função da própria característica construtiva, estes componentes tendem a apresentar uma perda de rendimento em função de desgastes naturais pelo contato de trabalho.

E pelo fato do resultado do desempenho do sistema depender totalmente do comportamento destes componentes, com as perdas ao longo do tempo, o resultado do sistema começa a apresentar desvios que em muitos casos mais energia deve ser gerada para o sistema com o objetivo de conseguir o mesmo nível de resultado.

Em alguns casos, mesmo com o aumento do potencial de recursos para o sistema, não é possível atingir o resultado esperado, pois algumas características eletromecânicas fazem com que somente o reparo, a recuperação e, em alguns casos, a substituição do componente irá garantir um desempenho operacional conforme programado.

Em função disto, fica evidente a importância da aplicação das "***Inspeções Eletromecânicas***", que são realizadas através de rotas pré-programadas e se caracterizam pela oportunidade de se poder identificar a real condição dos ativos operando nos processos, através da experiência dos nossos técnicos, pois com a rotina de trabalho realizada no dia a dia traz para as pessoas um grau cada vez maior de conhecimento e sensibilidade.

E em virtude disto, para que se possa obter os melhores resultados desta aplicação, deve-se integrar a oportunidade da utilização deste modelo de inspeção eletromecânica, na integração da manutenção com a operação, na qual a manutenção permanece com o conteúdo técnico da inspeção mais apurado, relacionado com as suas especialidades. E a operação deve contribuir com as atividades de inspeção mais simples, da mesma maneira a qual é realizada diariamente, e em muito casos pouco documentado, e também esta pouca documentação caracteriza-se por uma falta de orientação, controle e acompanhamento.

Portanto, com a possibilidade de se implantar um processo de inspeção eletromecânico, pode-se garantir que todos os colaboradores envolvidos com os ativos, no objetivo maior de garantir um resultado do processo operacional com segurança e qualidade dentro do volume programado, se utilizem desta integração que se possa garantir que os ativos estejam cada vez melhores assistidos, e, consequentemente, sejam cada vez melhores operados.

Uma outra característica das "***Inspeções Eletromecânicas***" é que elas podem ser realizadas por qualquer colaborador na empresa, não necessariamente somente pelos recursos de manutenção e operação, neste formato, tem-se a oportunidade de identificar as condições operacionais dos ativos através de uma inspeção de segurança, ou de qualidade, ou meio ambiente.

Desta maneira, o importante é que se possa estruturar estas inspeções na garantia que o resultado possa representar uma evidência real na confiabilidade operacional, porque a confiabilidade está diretamente relacionada e dependente dos ativos, e também do grau de capacitação e qualificação técnica dos operadores e mantenedores.

As inspeções eletromecânicas dependem diretamente da qualidade do recurso pessoal, do conhecimento técnico e operacional dos processos nas quais a empresa tem como objetivo principal, pois se entende que mesmo que se tenha uma rotina periódica para o conteúdo descrito nos documentos das inspeções, se entende que cada inspeção é diferente da outra, pois os ativos a serem inspecionados se comportam de uma maneira diferente com o passar do tempo.

2.3.4) Como definir a frequência das inspeções eletromecânicas?

Entendo as inspeções eletromecânicas como aquelas realizadas utilizando instrumentos eletrônicos para a obtenção das informações do comportamento dos ativos em operação e também aquelas atividades realizadas através de rotas em campo através da experiência e sensibilidade dos técnicos, na obtenção das informações dos ativos, também conhecidas como inspeções sensitivas.

A **Curva P-F** demonstra o período de tempo na qual é possível se detectar as falhas potenciais, até que se possa atingir a condição de falha funcional.

A falha potencial é quando um componente do ativo está operando dentro de alguns parâmetros do processo, mas já vem apresentando problemas na operação, por exemplo, uma bomba centrífuga pode apresentar a cavitação, mas mesmo assim continua recalcando fluído dentro do seu fluxo do processo operacional, neste caso, tem-se uma falha potencial conhecida, que é a cavitação, mas ainda se atingiu a condição de falha funcional , ou seja, a bomba ainda não parou de recalcar o fluído.

O período de desenvolvimento da falha **(PDF)** é a diferença entre o início da falha potencial, com o alcance da falha funcional, por exemplo, se a bomba iniciou uma condição operacional de cavitação às **10:00h** e a falha funcional foi atingida às **22:00h** depois do **quarto dia**, o período de desenvolvimento da falha **(PDF)**, foi de **108 horas**.

De uma maneira prática, a frequência de inspeção pode ser considerada como o período de desenvolvimento da falha **(PDF)** dividido por **2 (dois)**.

O que ocorre é que na maioria das vezes não se conhece, com precisão, este período total de desenvolvimento da falha **(PDF)**, esta é uma das dificuldades do processo da definição da frequência da inspeção eletromecânica.

Não temos padrões nem documentos, muitas empresas não possuem o histórico confiável das falhas, nem um controle sobre os eventos de falhas. Portanto, o que pode ser feito?

2.3.5) A importância dos instrumentos de medição

Os instrumentos de medição possuem uma importância vital na oportunidade de se conhecer, com mais precisão, o período de desenvolvimento da falha **(PDF)**, pois se não possuímos uma técnica mais apurada de identificação do início da falha potencial, o período de desenvolvimento da falha, normalmente irá se apresentar mais curto, pois, o ativo irá atingir seu estado de falha funcional em um período menor.

Utilizamos os instrumentos de medição para podermos obter uma informação com mais qualidade sobre o comportamento do ativo, e poder estender o período de desenvolvimento da falha **(PDF)** o máximo possível, obtendo assim uma informação com mais confiabilidade.

Outro ponto importante é a habilidade para se detectar uma falha potencial, e também conhecer o período de desenvolvimento da falha **(PDF)**, pois este fatores dependem:

- Da habilidade pessoal do inspetor eletromecânico.
- Do ambiente na qual a inspeção está sendo realizada, com relação a ser um ambiente externo ou interno, a temperatura, a iluminação, ou seja, as condições gerais ambientais.
- Dos parâmetros operacionais no momento da inspeção.
- Do projeto do ativo e da acessibilidade aos pontos de inspeção.

2.3.6) A dificuldade para se obter o "PDF"

Outra dificuldade para se obter o período de desenvolvimento da falha **(PDF)**, é a grande quantidade de variáveis existentes nos sistemas operacionais, pois além dos aspectos pessoais mencionados anteriormente, cada componente opera em condições diferentes, velocidades distintas, com cargas diferentes e ambientes também diferentes. Desta maneira, fica clara a dificuldade de se obter tais informações neste processo.

Desta maneira, ao invés de se criar um ambiente com um grande volume de estudos, sem que se tenha a quantidade de informações suficientes, com qualidade, é mais viável realizar uma aproximação inicial, na qual pode ser monitorada e melhorada continuamente.

Exemplificando, podemos analisar os problemas típicos de um motor elétrico de corrente alternada com as seguintes características:

- Motor Elétrico de Corrente Alternada.
- Potência de 100 CV.
- Carga de trabalho: 85%.
- Regime de operação: 24 horas / 7 dias por semana.
- Ambiente de trabalho apresenta: poeira, umidade e calor.

Neste exemplo, alguns problemas mais comuns que ocorrem com este motor elétrico de corrente alternada, quando em regime de trabalho são:

- Vibração nos rolamentos.
- Aumento da temperatura no centro do motor devido a uma sobrecarga ou a ventoinha danificada.
- Aumento da temperatura nos mancais dos rolamentos.

- Afrouxamento dos parafusos de fixação.
- Rachadura na fundação de alvenaria e na estrutura de aço da base do motor.
- Sujeira sobre o motor.
- Afrouxamento dos cabos e nos bornes da caixa de ligação.
- Ruídos nos rolamentos, na ventoinha, etc.
- Aumento da amperagem de trabalho.

Portanto, o quadro resumo com os "**PDF**" estimados e a frequência de inspeção podem ser exemplificados conforme apresentado abaixo:

Item	Problema comum	"PDF" estimada	Frequência da inspeção
1	Vibração nos rolamentos	6 – 12 semanas	Análise de vibração a cada 3 semanas.
2	Aumento da temperatura no centro do motor devido a uma sobrecarga ou a ventoinha danificada	semanas	Temperatura por pistola de contato semanalmente.
3	Aumento da temperatura nos mancais dos rolamentos	2 semanas	Temperatura por pistola de infravermelho semanalmente (não exceder 170F).
4	Afrouxamento dos parafusos de fixação	1 mês	Parafusos quinzenalmente.
5	Rachadura na fundação de alvenaria e na estrutura de aço da base do motor	1 ano	Detalhada visualmente a cada 6 meses.
6	Sujeira sobre o motor	1 mês	Sujeira quinzenalmente.
7	Afrouxamento dos cabos e nos bornes da caixa de ligação	1 mês	Cabos e bornes quinzenalmente.
8	Ruídos nos rolamentos, na ventoinha, etc.	1 semana	Ruído semanalmente.
9	Aumento da amperagem de trabalho	2 – 4 semanas	Leitura da corrente do motor semanalmente.

Quando analisamos o quadro resumo acima, verificamos que temos algumas frequências diferentes de inspeção, mas de uma maneira geral, pode-se resumir os 9 (nove) problemas comuns mencionados em uma tabela resumo, para um ambiente típico de trabalho, como segue:

Item	Frequência da inspeção	Ação da inspeção para o motor elétrico
1	Semanal	• Medição da temperatura com a pistola infravermelho nos mancais do motor. • Verificar as condições de operação da ventoinha com um estroboscópio. • Medição da temperatura com a pistola de contato no centro do motor. • Medição da vibração do motor com uma caneta mais simples. • Verificar algum ruído anormal. • Verificar a existência de água sobre o motor. • Verificar as condições dos cabos elétricos e dos bornes na caixa elétrica do motor. • Verificar a limpeza do motor.
2	Mensal	• Medir a vibração do motor com um analisador diferente da caneta utilizada para as medições semanais. • Medir a amperagem (A) do motor.
3	Semestral	• Verificar, cuidadosamente, a fundação de concreto e a base de aço do motor, quanto a rachaduras.

2.3.7) Erro comum sobre a determinação do "PDF"

As frequências de inspeção são baseadas no período de desenvolvimento da falha "**PDF**", e não na vida útil do componente, nem na criticidade do ativo na qual o componente está instalado.

A criticidade do ativo não afeta o "PDF", mas é um fator decisório quando se estiver definindo uma frequência de inspeção, em função da priorização das atividades a serem realizadas.

Uma análise errada é a seguinte condição: "temos inspecionado este componente por 3 anos, e não temos encontrado nenhum problema, portanto, alteramos a frequência da inspeção **semanal**, para **quinzenal**. A situação é que não ter encontrado nenhum problema não possui nenhuma relação direta com o período de desenvolvimento da falha (**PDF**). O "**PDF**" não se altera em função do componente estar operando bem. Mesmo que este componente venha a falhar após um período de **10 anos**, seu "**PDF**" deve continuar a ser de **15 dias (frequência de inspeção "semanal")**, e você deve conseguir identificá-lo. Se alterar a frequência da inspeção para **quinzenal**, você estará aumentando o risco em **50%**, da não identificação da falha.

Concluindo:

- As frequências de inspeção são baseadas no período de desenvolvimento da falha, não na vida útil ou na criticidade do componente.

- O período de desenvolvimento da falha (**PDF**) é muito difícil de prever, mas se pode realizar uma boa aproximação para definir este período.

- Se não possuir um histórico de dados confiável para a definição do "**PDF**", não utilizar o tempo realizando grandes estudos. Realizar uma aproximação da realidade de aplicação do componente em análise.

- Se você possuir a informação do período de desenvolvimento da falha (**PDF**), é melhor treinar os colaboradores na realização das inspeções e no planejamento e na programação das ações de correção, ao invés de realizar um estudo muito aprofundado. Na maioria das vezes, é melhor utilizar o tempo com execução.

2.4) A Gestão do Conhecimento e a Qualidade na Informação

"As informações geradas como resultado da análise de falha devem ter consistência e credibilidade, e devem estar disponibilizadas para serem compartilhadas entre os colaboradores."

Questão:
"A quantidade de informações que geramos atualmente pode ser compartilhada com qualidade e credibilidade?"

A análise de falhas contribuindo com a gestão do conhecimento:

A gestão do conhecimento é um tema bastante amplo e deve ser conduzido de uma maneira muito responsável, pois é através da uniformização do conhecimento dos colaboradores é que poderemos garantir processos confiáveis, práticas de manutenção produtivas e resultados conforme projetados.

No contexto da gestão do conhecimento, a análise de falha aparece como uma das melhores oportunidades de podermos utilizar a condição de trabalho de cada colaborador, quando trabalhando em grupo na busca das melhores soluções.

A correta aplicação da metodologia de análise de falha leva a um resultado contendo valiosas informações, nas quais necessariamente estas informações devem ser compartilhadas e disseminadas de uma maneira responsável, buscando não somente o envolvimento, mas também o comprometimento dos colaboradores na utilização das informações geradas através dos estudos técnicos em grupo.

A contribuição da análise de falha correta cria um conceito de crescimento no grupo, mais conhecimento técnico sobre os ativos e os processos de manutenção, e também uma energia positiva no relacionamento pessoal, pois o grupo passa a entender que os resultados que todos estão buscando dependem substancialmente da participação eficaz de cada um neste processo.

2.4.1) A Falha e a Qualidade na Informação

Um fator crítico de sucesso para que um processo de análise de falha possa agregar valor nas práticas de manutenção é a maneira da qual as informações são registradas quando os serviços são concluídos em campo.

Normalmente, é comum encontrar nos departamentos de manutenção seus profissionais valorizando muito as informações já existentes no banco de dados do sistema de gestão, como, por exemplo, um plano de manutenção preventiva sistemática, no qual todas as informações referentes a este plano (atividades, recursos, tempos, etc.) já estão cadastradas no sistema e dão muito pouca importância para as "valiosas" e "estratégicas" informações que são obtidas em campo, durante a realização de uma atividade de manutenção, pois em função do ativo ir alterando suas condições operacionais com o passar do tempo, através do processo de envelhecimento natural, é importante que a área de planejamento da manutenção possa atualizar, continuamente, o conteúdo técnico dos planos de manutenção, no alinhamento das atividades a serem realizadas em campo, com as condições reais do ativo em questão.

2.4.2) O valor da informação proveniente das atividades realizadas em campo:

Outro ponto a salientar com relação à análise de falha é a maneira na qual temos que caracterizar os dados de registros apontados em campo, transformando-os em informações valiosas para a gestão dos processos de manutenção.

Normalmente, o que ocorre é que tratamos os dados como registro, sem que haja uma preocupação de termos uma transferência da maneira da qual o registro chega ao banco de dados do sistema de gestão informatizado, em uma informação valiosa criando um conceito de gestão pró-ativa, e não de gestão reativa como na maior parte das vezes.

2.5) O Gatilho de Decisão e o Planejamento da Manutenção

> *"Em virtude da grande variabilidade dos tipos de falhas ocorridas, vinculadas às interrupções indesejadas nos processos produtivos, é necessária a aplicação de uma ferramenta de classificação de todos os eventos ocorridos, no sentido de podermos organizar e priorizar os estudos de análise de falha na identificação das causas raízes. Esta ferramenta denominamos: Matriz de Decisão."*

Questão:
"Possuímos um método de classificação dos eventos não planejados, com o principal objetivo de orientar as ações da manutenção na aplicação da metodologia de análise de falha?"

2.5.1) A Matriz de Decisão

A matriz de decisão é suportada por uma metodologia baseada em 4 (quatro) critérios de verificação, nos quais, quando combinados em um único resultado, determinam a possibilidade de 3 (três) caminhos a serem seguidos pela área técnica da manutenção, no sentido de garantir que os recursos disponíveis sejam utilizados da melhor maneira possível.

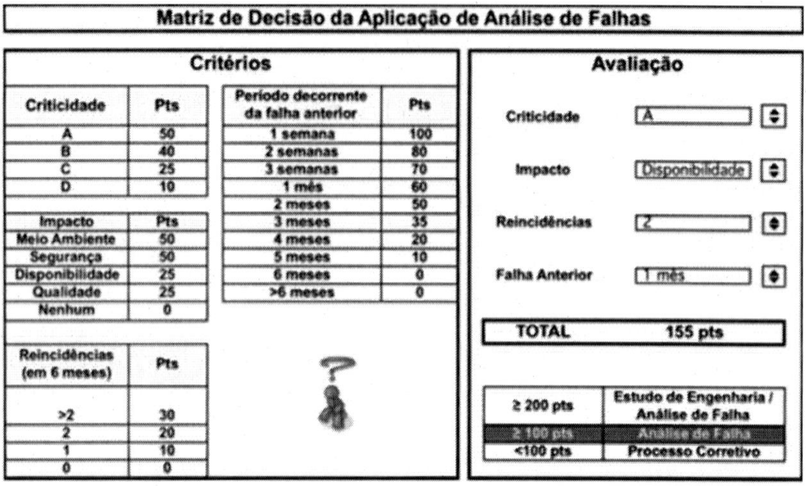

Matriz de Decisão da Aplicação de Análise de Falhas

Critérios

Criticidade	Pts
A	50
B	40
C	25
D	10

Impacto	Pts
Meio Ambiente	50
Segurança	50
Disponibilidade	25
Qualidade	25
Nenhum	0

Reincidências (em 6 meses)	Pts
>2	30
2	20
1	10
0	0

Período decorrente da falha anterior	Pts
1 semana	100
2 semanas	80
3 semanas	70
1 mês	60
2 meses	50
3 meses	35
4 meses	20
5 meses	10
6 meses	0
>6 meses	0

Avaliação

Criticidade	A
Impacto	Disponibilidade
Reincidências	2
Falha Anterior	1 mês
TOTAL	155 pts

≥ 200 pts	Estudo de Engenharia / Análise de Falha
≥ 100 pts	Análise de Falha
<100 pts	Processo Corretivo

Quando a decisão pela análise de uma falha é realizada sem um método estruturado de decisão, os esforços das equipes de manutenção são desperdiçados e, às vezes, algumas situações importantes deixam de ser tratadas nos estudos, gerando uma oportunidade da ocorrência de falha funcional nos ativos.

A matriz de decisão orienta os estudos de falha e define uma priorização nas análises, pois pelo fato dos recursos serem limitados, não temos a possibilidade de realizar todos os estudos vinculados a todos os eventos ocorridos.

2.5.2) Os critérios utilizados para a decisão

a) Criticidade:

O critério pela criticidade considera a diferença de importância dos ativos na empresa, pois como existe uma metodologia de classificação de criticidade dos ativos, na qual utiliza os seguintes padrões: "A" (mais crítico), "B", "C" e "D" (menos crítico), os ativos de maior criticidade devem ter prioridade na análise sobre os ativos de menor criticidade.

Desta maneira, este critério da criticidade possui como valorização dos seus parâmetros a seguinte classificação abaixo:

a.1) Ativo crítico "A": 50 pontos
a.2) Ativo crítico "B": 40 pontos

a.3) Ativo crítico "C": 25 pontos
a.4) Ativo crítico "D": 10 pontos

b) Impacto:

Em função da falha funcional causar, através do modo de falha associado, uma condição de trabalho adversa às condições normais de operação de um ativo, normalmente estará gerando um impacto direto em algumas das situações apresentadas abaixo:

I. Meio Ambiente:

É quando a falha funcional ocorrida interfere diretamente nos aspectos ambientais nas quais o ativo em questão está instalado, ou seja, a falha ocorrida é a causa de uma contaminação ambiental de qualquer natureza.

Entendendo que os ativos são formados por sistemas, conjuntos, componentes e peças as quais podem produzir vibração, ruído, impacto, aquecimento, desgaste e quebra, e estas condições acima, quando isoladas ou associadas, podem gerar um impacto ambiental.

Temos como exemplos destes tipos de impactos ambientais:

II.1) Vazamentos contaminando o solo.
II.2) Particulado na atmosfera contaminando o ar.
II.3) Ruído excessivo contaminando o ambiente.

Desta maneira, este é o primeiro passo para a classificação deste critério, por se tratar de aspectos que interferem diretamente no meio ambiente.

Caso a falha funcional analisada não apresentar nenhum impacto no meio ambiente, a falha pode ser classificada pelo próximo critério, ou seja, pelo impacto direto na segurança, desde que ficar evidente que a segurança do trabalho ou a segurança do processo foram diretamente afetadas por esta falha.

II. Segurança:

É quando a falha funcional ocorrida interfere diretamente nos aspectos de segurança operacional e da segurança do processo do ativo, ou seja, é quando a falha ocorrida é a causa de incidente ou acidente pessoal, ou a causa de um acidente do processo produtivo.

Temos como exemplos destes tipos de incidentes e/ou acidentes:

I.1) Lesão de um colaborador, com ou sem afastamento.
I.2) Incêndio ou princípio de incêndio.
I.3) Quebra de um dispositivo de segurança.
I.4) Vazamento de um produto combustível.

Desta maneira, caso a falha funcional analisada não apresentar nenhum impacto no meio ambiente nem na segurança do trabalho ou na segurança do processo, a falha pode ser classificada pelo próximo critério que trata do impacto direto na disponibilidade do ativo, desde que ficar evidente que a disponibilidade foi diretamente afetada por esta falha.

III. Disponibilidade:

A condição operacional de um ativo está diretamente relacionada com a estabilidade do processo, pois quando houver a ocorrência de uma falha funcional, o fator de disponibilidade será prejudicado e impactado por esta condição.

Desta maneira, caso a falha funcional analisada não apresentar nenhum impacto no meio ambiente nem na segurança do trabalho ou na segurança do processo, e também não apresentar nenhum impacto na disponibilidade do ativo, a falha pode ser classificada pelo último critério que representa o impacto direto na qualidade do produto final, desde que ficar evidente que a qualidade foi diretamente afetada por esta falha.

IV. Qualidade:

Entendendo que os ativos possuem uma interferência direta nos parâmetros de qualidade dos produtos, que são gerados através dos processos produtivos, nas quais os ativos estão envolvidos, este último fator de impacto, pela sua importância, também faz parte desta classificação.

Portanto, este critério do impacto possui como valorização dos seus parâmetros, a seguinte classificação abaixo:

b.1) Segurança: 50 pontos
b.2) Meio Ambiente: 50 pontos

b.3) Disponibilidade: 25 pontos
b.4) Qualidade: 25 pontos
b.5) Nenhum impacto: 0 pontos

c) Reincidência (em um período de 6 meses):

Apesar da grande variabilidade da ocorrência de falhas funcionais nos ativos, trata-se de um universo finito, portanto é possível a repetição da mesma falha funcional quando a falha anterior não foi tratada adequadamente.

Este critério classifica a quantidade de falhas funcionais similares ocorridas na mesma condição, em um período considerando os 6 (seis) últimos meses.

O período de 6 (seis) meses é uma quantidade de tempo suficiente para que possamos identificar a ocorrência de eventos de falhas funcionais similares e utilizar este histórico como base de alimentação da metodologia desta matriz de decisão.

Desta maneira, este critério da reincidência possui como valorização dos seus parâmetros a seguinte classificação abaixo:

c.1) > 2 falhas funcionais: 30 pontos
c.2) 2 falhas funcionais: 20 pontos
c.3) 1 falha funcional: 10 pontos
c.4) Nenhuma falha funcional: 0 pontos

d) Período decorrente da falha anterior:

Da mesma maneira como já informado no critério anterior, é possível que já exista um histórico de ocorrência de uma falha funcional similar e este critério trata exatamente a análise e definição do tempo entre a falha funcional em questão e a data da última evidência da mesma falha ocorrida.

O período entre uma falha funcional e outra (entendendo que estamos tratando de falhas similares) demonstra a gravidade do ocorrido na interferência direta na estabilidade do processo produtivo.

Desta maneira, este critério do período decorrente da falha anterior possui como valorização dos seus parâmetros a seguinte classificação abaixo:

d.1) 1 semana: 100 pontos
d.2) 2 semanas: 80 pontos

d.3) 3 semanas: 70 pontos
d.4) 1 mês: 60 pontos
d.5) 2 meses: 50 pontos
d.6) 3 meses: 35 pontos
d.7) 4 meses: 20 pontos
d.8) 5 meses: 10 pontos
d.9) 6 meses: 0 pontos
d.10) > 6 meses: 0 pontos

Esta metodologia define uma condição na qual toda falha funcional vinculada a um ativo crítico "A" que apresentar um impacto nos aspectos de meio ambiente e segurança, deve ser analisada na identificação da causa raiz, e dependendo dos aspectos de reincidência e o período decorrente da última falha funcional similar, pode ser necessário também o envolvimento da área de Engenharia de Projetos no sentido de estudar possíveis modificações no componente que falhou, com o principal propósito de evitar sua repetição.

O resultado final desta metodologia é a combinação direta dos 4 (quatro) critérios apresentados acima e através dos 3 (três) exemplos abaixo pode-se conhecer os resultados possíveis com esta aplicação:

2.5.3) Os Exemplos de Matriz de Decisão

Exemplo 1:

A falha funcional ocorrida, a qual está sendo analisada, está relacionada em um ativo crítico "A". O principal impacto desta falha foi na segurança do trabalho, na exposição dos colaboradores a risco de acidente grave. Nos últimos 6 (seis) meses, esta mesma falha funcional ocorreu 6 (seis) vezes, ou seja, possui uma frequência de repetição, na média a cada mês e a última falha funcional similar ocorreu há 15 (quinze) dias atrás.

Aplicando a matriz de decisão:

Decisão de Analisar a Falha e identificar a Causa Raiz e acionar a Engenharia de Manutenção e Projetos no sentido de modificar o ativo, no sentido de apresentar maior confiabilidade operacional.

Matriz de Decisão da Aplicação de Análise de Falhas

Critérios

Criticidade	Pts
A	50
B	40
C	25
D	10

Impacto	Pts
Meio Ambiente	50
Segurança	50
Disponibilidade	25
Qualidade	25
Nenhum	0

Reincidências (em 6 meses)	Pts
>2	30
2	20
1	10
0	0

Período decorrente da falha anterior	Pts
1 semana	100
2 semanas	80
3 semanas	70
1 mês	60
2 meses	50
3 meses	35
4 meses	20
5 meses	10
6 meses	0
>6 meses	0

Avaliação

Criticidade	A
Impacto	Segurança
Reincidências	>2
Falha Anterior	2 semanas
TOTAL	210 pts

≥ 200 pts	**Estudo de Engenharia / Análise de Falha**
≥ 100 pts	Análise de Falha
<100 pts	Processo Corretivo

Exemplo 2:

A falha funcional ocorrida, na qual está sendo analisada, está relacionada em um ativo crítico "A". O principal impacto desta falha foi na disponibilidade física no ativo. Nos últimos 6 (seis) meses esta mesma falha funcional ocorreu 2 (duas) vezes, ou seja, possui uma frequência de repetição, na média a cada dois meses, e a última falha funcional similar ocorreu há 1 (um) mês atrás.

Aplicando a matriz de decisão:

Decisão de Analisar a Falha e identificar a Causa Raiz, no sentido de apresentar um plano de ação de melhorias, evitando a reincidência da falha funcional ocorrida.

Matriz de Decisão da Aplicação de Análise de Falhas

Critérios

Criticidade	Pts
A	50
B	40
C	25
D	10

Impacto	Pts
Meio Ambiente	50
Segurança	50
Disponibilidade	25
Qualidade	25
Nenhum	0

Reincidências (em 6 meses)	Pts
>2	30
2	20
1	10
0	0

Período decorrente da falha anterior	Pts
1 semana	100
2 semanas	80
3 semanas	70
1 mês	60
2 meses	50
3 meses	35
4 meses	20
5 meses	10
6 meses	0
>6 meses	0

Avaliação

Criticidade	A
Impacto	Disponibilidade
Reincidências	2
Falha Anterior	1 mês
TOTAL	155 pts

≥ 200 pts	Estudo de Engenharia / Análise de Falha
≥ 100 pts	**Análise de Falha**
<100 pts	Processo Corretivo

Exemplo 3:

A falha funcional ocorrida, a qual está sendo analisada, está relacionada em um ativo crítico "B". O principal impacto desta falha foi na disponibilidade física do ativo. Nos últimos 6 (seis) meses esta mesma falha funcional ocorreu 1 (uma) vez e a última falha funcional similar ocorreu há 5 (cinco) meses atrás.

Aplicando a matriz de decisão:

Decisão de não Analisar a Falha Funcional ocorrida, pois o impacto da falha não justifica toda a mobilização e utilização dos recursos pessoais envolvidos na metodologia do estudo da análise de falha, na identificação da causa raiz.

Matriz de Decisão da Aplicação de Análise de Falhas

Critérios

Criticidade	Pts
A	50
B	40
C	25
D	10

Impacto	Pts
Meio Ambiente	50
Segurança	50
Disponibilidade	25
Qualidade	25
Nenhum	0

Reincidências (em 6 meses)	Pts
>2	30
2	20
1	10
0	0

Período decorrente da falha anterior	Pts
1 semana	100
2 semanas	80
3 semanas	70
1 mês	60
2 meses	50
3 meses	35
4 meses	20
5 meses	10
6 meses	0
>6 meses	0

Avaliação

Criticidade	B
Impacto	Disponibilidade
Reincidências	1
Falha Anterior	5 meses
TOTAL	**85 pts**

≥ 200 pts	Estudo de Engenharia / Análise de Falha
≥ 100 pts	Análise de Falha
<100 pts	Processo Corretivo

2.5.4) A Falha e o Planejamento da Manutenção:

"Como a medição da eficácia do Planejamento da Manutenção está diretamente relacionada com a Produtividade das Equipes de Manutenção, evitarmos a ocorrência de falhas é a garantia da melhor utilização das pessoas, consequentemente na condução ao melhor desempenho da área de Planejamento."

Questão:
"As práticas da área de Planejamento da Manutenção estão sendo realizadas sem nenhum impacto direto de falhas ocorrendo atualmente?"

Todas as informações geradas através da ocorrência de uma falha são fundamentais para a melhoria dos processos do Planejamento da Manutenção, na melhoria da viabilização dos recursos e do conteúdo técnico a ser planejado.

A importância da existência de uma metodologia padronizada e sistematizada para a utilização dos resultados das Análises de Falhas como um benefício direto ao cumprimento da "Função Planejamento", na melhoria dos processos da manutenção, contribuindo diretamente para evitar a recorrência de eventos não programados.

2.6) A Saúde e a Segurança do Trabalho

> *"As práticas seguras de operação e manutenção dos ativos dependem diretamente das ações e melhorias realizadas com eficácia, como resultado dos estudos técnicos da Análise de Falha."*

Questão:
"Podemos garantir a realização de práticas totalmente seguras nos nossos processos produtivos atualmente, pois conhecemos todos os riscos envolvidos nas nossas práticas operacionais e de manutenção?"

A atividade de manutenção possui uma característica diferenciada quando realizada pelas oficinas técnicas (mecânica, elétrica, lubrificação, etc.), em virtude da variabilidade das tarefas diárias a serem realizadas em diferentes partes da empresa, em diferentes condições ambientais.

A "*Análise de Falha*" quando realizada de uma maneira correta irá propiciar um ambiente de trabalho saudável e seguro, apoiado por um sistema de trabalho organizado e focado na eliminação de qualquer falha funcional.

A estratégia da empresa deve estar baseada nas seguintes propostas:

- Garantir um ambiente de trabalho saudável e seguro. Todos os aspectos relacionados com a saúde e segurança devem ser gerenciados com eficácia e o estabelecimento de ações de melhoria e inovação devem fazer parte da rotina diária de trabalho dos colaboradores.

- Minimizar o risco à saúde, garantir a segurança, e o bem-estar do colaborador no ambiente de trabalho através da aplicação das melhores práticas de campo.

- Praticar a comunicação de uma maneira simples e contínua, garantindo que as informações compartilhadas na empresa possam atingir todos os colaboradores.

- Antecipar as ações de mitigação dos riscos, contribuindo com a prevenção de incidentes pessoais ou patrimoniais.

- Medir o desempenho da área de segurança de uma maneira pró-ativa, de uma maneira cíclica.

- Realizar as inspeções de segurança através do acompanhamento das ações dos técnicos de campo, no sentido de verificar o alinhamento das atividades realizadas com os padrões de segurança determinados pela empresa.

- Promover os treinamentos de conscientização e reciclagem a todos os colaboradores, nos principais temas relacionados com as práticas seguras.

2.7) A Confiabilidade dos Ativos, a Melhor Estratégia da Manutenção e os Planos de Manutenção

"A Confiabilidade de um ativo está diretamente dependente e relacionada com a possibilidade de ocorrência de um evento não planejado/programado, evento este caracterizado como uma falha."

Questão:
"Podemos garantir a Confiabilidade dos nossos ativos críticos "A" e "B", sem que nenhuma falha ocorra pelo período determinado de utilização destes ativos?"

A falha funcional afeta diretamente a confiabilidade do ativo.

Evitar a ocorrência da falha funcional significa garantir a confiabilidade do ativo.

Somente nos casos em que os estudos de confiabilidade determinam que é mais viável economicamente manter os ativos operando até atingirem o estado de falha funcional, é que a falha, apesar de gerar um impacto direto no processo produtivo, não é considerada crítica, pois outros aspectos relacionados com o processo também são considerados na aplicação deste estudo, osquais estão sendo apresentados abaixo.

Portanto, pode-se considerar uma boa estratégia de manutenção o exposto acima, sem comprometer os aspectos de:

- Segurança do trabalho.
- Segurança do processo.
- Saúde dos colaboradores.
- Impacto direto ao meio ambiente.

A Engenharia de Confiabilidade atua na busca do desenvolvimento e implantação de soluções para as atividades de manutenção, na logística correspondente, no desempenho da manutenção de classe mundial e no desenvolvimento de serviços globais e de satisfação do cliente.

A Engenharia de Confiabilidade opera também como suporte à área de Gestão de Manutenção, desenvolvendo auditorias periódicas, redesenho dos processos de trabalho, implantações e na aplicação da engenharia de melhorias.

Ainda como engenharia de melhorias, atua na melhoria contínua sustentável dos processos na empresa, trabalhando com metas, análise e coleta de dados, mostra de tendências, análise das melhorias, ajustes em planos de manutenção corretiva planejada, preventiva e sensitiva e em planos de melhorias e resultados de monitoramento.

O projeto para oferecer serviços especializados de Engenharia de Confiabilidade tem sua abrangência principal relacionada aos serviços de Gerenciamento das Ações de Estratégia da Manutenção, como segue:

- Buscar consistentemente a otimização do custo global de manutenção, com o aumento contínuo do desempenho dos equipamentos produtivos da planta, de forma a alcançar os Fatores Críticos de Sucesso (FCS).

- Revisão do Sistema Informatizado de Gerenciamento da Manutenção (CMMS): estamos incluindo tanto uma análise em termos de abrangência e utilização do sistema, bem como uma equipe de profissionais que implantará as correções e /ou alterações que se fizerem necessárias, pois a plena utilização do CMMS é a pedra fundamental para a correta execução e controle de todos os serviços e gerará, a partir de uma única fonte, todos os relatórios Gerenciais e Operacionais.

- Análise e consolidação da lista de equipamentos, com base nas listas existentes, fluxogramas de processo e folhas de dados técnicos, fornecidos pelo cliente ou obtidos junto aos fabricantes e fornecedores.

- Revisão dos planos de Manutenção Preventiva Sistemática (baseados no tempo e em medidores), Condicional (rotas para análise de vibração, termovisão, análises de óleo isolante e lubrificante, etc.), Rotas de Inspeção para os equipamentos críticos e dos planos de Lubrificação e de Calibração de instrumentos críticos, conforme a criticidade definida em conjunto com o cliente.

- Análise para a complementação das listas de peças sobressalentes, com base em consulta a catálogos, manuais, desenhos, fabricantes, fornecedores e experiência adquirida.

- Revisão de planos de trabalho padronizados para os serviços corretivos mais comuns (por exemplo, troca de rolamentos, revisão em bombas, etc.).

- Codificação e criação das árvores de falhas (problemas, causas e soluções) para as famílias de equipamentos, famílias estas a serem definidas em comum acordo com o cliente (modos de falhas).

- Codificação e elaboração das listas de ferramentas especiais, máquinas e instrumentos de medição.

- Suporte na administração dos contratos de prestadores de serviços especializados e otimização destes modelos, por exemplo, do tipo "remuneração", pelo tipo "desempenho".

A área de Confiabilidade tem as seguintes funções e responsabilidades dentro do seu escopo de trabalho, no sentido de evitar a ocorrência de falhas funcionais:

- **Na Organização e na Administração:**

-Desenvolver e assegurar o acompanhamento do programa de manutenção preventiva.
- Montar o dossiê de equipamentos assegurando que as peças de reposição estejam armazenadas em quantidade suficiente.
- Fornecer suporte técnico para os grupos de planejamento e de operação.
- Analisar o histórico de equipamentos e propor medidas corretivas apropriadas.

- Preparar especificações técnicas e propor métodos de trabalho.
- Assegurar-se que as necessidades de manutenção estejam sendo respeitadas durante os projetos.
- Participar na elaboração dos programas de treinamentos de manutenção.
- Assegurar-se do uso da mais atualizada tecnologia de manutenção.
- Avaliar continuamente o programa de gerenciamento de manutenção.
- Avaliar continuamente o estado dos ativos.

- No Planejamento e na Programação:

- Fornecer suporte técnico focado nas atividades de um planejamento pró-ativo.
- Verificar os históricos dos equipamentos para certificar-se da pertinência das informações.
- Desenvolver padrões, normas, revisão das especificações de equipamentos.
- Analisar dados de desempenho e recomendar as ações corretivas apropriadas.
- Providenciar a inclusão de peças sobressalentes no estoque e assegurar se de um nível adequado destas peças.
- Participar das reuniões de avaliação da programação semanal.
- Desenvolver e acompanhar a programação de serviços periódicos em colaboração com outros grupos envolvidos.
- Fornecer um planejamento para projetos mais complexos.

- Na Manutenção Preventiva Sistemática:

- Preparar um inventário de todos os equipamentos considerados críticos.
- Estabelecer o tempo necessário para cada inspeção em colaboração com os grupos de planejamento e de manutenção.
- Preparar o plano mestre de manutenção preventiva em cooperação com os grupos envolvidos.
- Assumir a responsabilidade pela implantação e acompanhamento de sessões de treinamentos em testes não destrutivos.
- Fornecer apoio aos inspetores nos testes não destrutivos.
- Analisar regularmente as tendências dos tipos e origens dos serviços de manutenção a fim de ajustar o programa de manutenção preventiva.
- Analisar regularmente o histórico para avaliar os resultados de inspeções e rever as suas frequências.
- Analisar mensalmente os resultados do programa de manutenção preventiva e relatar para a gerência.

- Desenvolver e/ou revisar as folhas de inspeção e suas rotas.
- Conduzir uma avaliação mensal aleatória da frequência e duração de pelo menos uma rota de inspeção.
- Revisar anualmente a rentabilidade do programa de manutenção preventiva.
- Reavaliar o calendário dos serviços periódicos de acordo com os resultados das inspeções da manutenção preventiva.
- Revisar os relatórios dos acidentes e dos incidentes, tais como, tomar providências necessárias para o programa de manutenção preventiva.

- **No Controle do Gerenciamento da Manutenção:**

- Preparar o plano diretor (estratégico) da manutenção em cooperação com os grupos envolvidos.
- Analisar os aspectos globais dos dados de gerenciamento da manutenção.
- Efetuar as análises específicas e participar na preparação dos relatórios periódicos.
- Analisar as metas e/ou os orçamentos e identificar os setores de alto custo e sugerir melhorias.
- Definir os indicadores de desempenho relacionados com a Engenharia de Confiabilidade, nas bases dos dados coletados, nas fórmulas de cálculo, na forme e na estratégia da divulgação dos resultados.

- **Na Estratégia da Manutenção:**

- Implantar as ferramentas de confiabilidade, tais como:
    - FMEA / FMECA
    - RCM
    - LCC / GAV
    - RCFA
    - FTA
    - Weibull

Questões importantes para avaliar o grau de organização e controle da área de manutenção, quanto os aspectos da confiabilidade:

a) Os equipamentos foram classificados em relação a sua criticidade?

b) Qual é a idade média dos equipamentos? Qual é a carga de operação diária dos equipamentos?

c) É realizado um estudo do custo do ciclo de vida dos equipamentos, analisando a relação entre realizar manutenção ou a substituição do equipamento? Existe previsão de reformas nos equipamentos?

d) A equipe de manutenção conhece os padrões de performance de cada equipamento do processo?

e) Existem registros históricos das ocorrências/falhas?

f) Existe um plano de inspeção nos equipamentos? É aplicado?

g) Existe um plano de manutenção preventiva? É aplicado? Qual a periodicidade de sua revisão?

h) Existe um plano de manutenção preditiva? Aplicado em quais equipamentos? Que tipo de análise?

i) Existe algum plano de monitoramento dos equipamentos? Como é aplicado?

j) Os planos de manutenção foram elaborados com o auxílio da metodologia "**RCM**" (Reliability Centred Maintenance)? Há colaboradores treinados nesta metodologia?

k) Existe metodologia de análise de falhas? É aplicado em quais tipos de equipamentos?

l) Os planos de manutenção são revistos de acordo com o resultado das análises de falhas?

m) Quais são os Indicadores de Desempenho utilizados na área de manutenção?

n) A confiabilidade dos equipamentos é acompanhada ao longo do tempo? De que forma?

o) Existe uma política definida de reposição das peças sobressalentes dentro das criticidades de cada equipamento ou processo?

2.7.1) A Falha e a Definição da melhor Estratégia da Manutenção:

a) O histórico de falha como parâmetro na determinação da criticidade A/B/C dos ativos.

b) A criticidade A/B/C dos ativos como parâmetro da determinação da melhor estratégia da manutenção.

c) A estratégia da manutenção na determinação das melhores ações planejadas (atividades assertivas ao menor custo), para que as falhas sejam evitadas e os ativos possam ser assistidos na medida correta.

d) A definição da criticidade A/B/C dos ativos com o foco:

- Exclusivo no processo produtivo.
- No processo produtivo e no histórico técnico e econômico.

2.7.2) A Falha e os Planos de Manutenção:

Apesar de não termos instalada a prática habitual de revisão periódica dos planos de manutenção, ou seja, da base técnica da estratégia de atuação das equipes de manutenção, considerando o Pilar de Manutenção Planejada, entendemos a importância de revisarmos periodicamente os planos de manutenção e atualizá-los conforme os processos produtivos estejam respondendo às necessidades da empresa.

Existem vários métodos que podem ser utilizados rotineiramente na revisão desta base técnica, entretanto, o resultado de cada análise de falha deve contribuir e muito para que, motivado pelo resultado do trabalho do grupo de estudo, possamos utilizar as valiosas informações geradas, confrontando-as com os planos de manutenção instalados existentes para cada processo em foco, garantindo que após a conclusão de cada análise de falha, a equipe responsável pela atualização dos planos de manutenção possa receber todas as informações necessárias para realizar seu trabalho.

Este processo de atualização automática depende substancialmente da proximidade e participação da Engenharia de Manutenção e o Planejamento da Manutenção de cada grupo de estudo, portanto

O principal objetivo deste trabalho é apresentar a sequência do trabalho a ser realizado para a definição da melhor estratégia de manutenção, ou seja, quais serão os planos de manutenção a serem elaborados no sentido de proporcionarem as melhores condições operacionais destas máquinas quando estiverem em campo cumprindo seus processos produtivos.

Este tipo de abordagem e maneira de definição dos Planos de Manutenção irá proporcionar a garantia da confiabilidade física das máquinas, consequentemente, irá garantir o alcance das metas de disponibilidade física também.

Se entende como estratégia de manutenção a maneira que estaremos determinando as ações de manutenção para cada máquina, como segue:

- **Manutenção Preventiva Sistemática** (no tempo: calendário, odômetro, horímetro).

- **TrocaProgramada**.

- **Manutenção Preditiva** (por condição) podendo ser do tipo:

    - **Instrumentada** (análise de vibração, termografia, análise de óleo, etc.).
    - **Sensitiva** (rotas de inspeção eletromecânica pela equipe da manutenção e pela equipe da operação).

No sentido de criarmos uma sequência de trabalho simples, orientada e segura, na qual o entendimento seja mais rápido, na qual dividimos em 4 (quatro) fases, como segue:

- **Fase 1:** Da "**Máquina**" até as "**Funções**" de cada componente principal.

- **Fase 2:** Das "**Funções**" determinadas até os "**Modos de Falhas**" conhecidos.

- **Fase 3:** Dos **"Modos de Falhas"** conhecidos até a definição da melhor estratégia da manutenção representada pelos **Planos de Manutenção**.

- **Fase 4:** Elaboração dos **Planos de Manutenção**.

E, para cada fase informada acima, temos que seguir os seguintes passos determinados abaixo:

Fase 1:

Da "**Máquina**" até as "**Funções**" de cada componente principal

a) Definir o ativo alvo do estudo em questão.

b) Dividir o ativo em **sistemas**, conforme o modelo do formulário apresentado abaixo:

ATIVO	
Sistemas	
1	
2	
3	
4	
5	
6	
7	
8	
9	
10	

c) Dividir os **sistemas** determinados no “item 2” acima, em **conjuntos**, conforme o modelo do formulário apresentado abaixo:

ATIVO										
Sistemas e Conjuntos										
	1	2	3	4	5	6	7	8	9	10
a										
b										
c										
d										
e										
f										
g										
h										

d) Para cada **conjunto** definido acima, dividir cada **conjunto** nos seus principais **componentes**, conforme o modelo do formulário apresentado abaixo:

ATIVO - Sistema (1)								
Conjuntos e Componentes								
	a	b	c	d	e	f	g	h
1								
2								
3								
4								
5								
6								
7								
8								
9								
10								

e) Com todos os **componentes** definidos para cada **conjunto** em cada sistema da máquina, você deve priorizar os **componentes** em 3 (três) níveis, ou seja, **"A"**, **"B"** ou **"C"**, sendo:

- **Nível "A":** Componentes que quando da ocorrência de uma falha funcional interrompem imediatamente o processo produto.

- **Nível "B":** Componentes que quando da ocorrência de uma falha funcional não interrompem imediatamente o processo produto, mas apresentam uma condição de trabalho prejudicada, podendo interferir nos aspectos de segurança da máquina, no impacto ambiental e caso nenhuma ação de melhoria seja realizada a tempo, pode vir a interferir no processo produtivo.

- **Nível "C":** Componentes que quando da ocorrência de uma falha funcional não interrompem o processo produto.

Relação dos Componentes Principais do ATIVO							
Item	Sistema	Conjunto	Código do Componente	Componente	Priorização		
					A	B	C
1							
2							
3							
4							
5							
6							
7							
8							
9							
10							
11							
12							
13							
14							
15							

A classificação dos componentes quanto à prioridade **(A/B/C)** tem por objetivo, além de indicar o grau de importância de cada componente dentro do processo produtivo, subsidiar a elaboração dos Planos de Manutenção, auxiliar na seleção dos métodos de manutenção, priorizar as análises das prováveis falhas funcionais, justificar investimentos, entre outros.

Os componentes críticos são os mais importantes num processo produtivo. De acordo com o processo de produção, segurança e meio ambiente, os componentes são avaliados e classificados de acordo com sua importância, ao que chamamos "***Prioridade***". Dessa forma, deve-se identificar tais componentes e preparar os planos de manutenção mais específicos, a fim de evitar paralisações ou outras consequências indesejáveis.

Esta priorização irá facilitar a evolução deste projeto de confiabilidade, no sentido de garantir que será possível determinar a melhor estratégia de manutenção, na geração dos planos de manutenção, para os componentes principais e mais críticos da máquina.

Logo após concluirmos os estudos e desenharmos os melhores planos de manutenção para a máquina em estudo para os **componentes** de prioridade **"A"**, estaremos resgatando os **componentes** de priorização menor (**"B"** e **"C"**), e concluindo todo o estudo, completando 100% da confiabilidade para a máquina.

f) Com os **componentes"A"** já priorizados, a próxima etapa deste projeto é a definição das **"Funções"** para cada **componente** priorizado. Quando estamos definindo as **"Funções"** não podemos deixar de levar em consideração que em muitos casos poderemos ter mais de uma função para o mesmo **componente**, conforme o modelo do formulário apresentado abaixo:

Relação dos Componentes Principais do ATIVO									
Item	Sistema	Conjunto	Código do Componente	Componente	Priorização			Funções	Tipo
					A	B	C		
1									
2									
3									
4									
5									
6									
7									
8									
9									
10									
11									
12									
13									
14									
15									

Fase 2:

Das "**Funções**" determinadas até os "**Modos de Falhas**" conhecidos

g) Com as "**Funções**" já conhecidas, o passo seguinte é a definição das "**Prováveis Falhas Funcionais**", ou seja é a definição do que leva o **componente** ao não cumprimento da função.

h) Com as "**ProváveisFalhas Funcionais**" já definidas, se aplica o método da "**Análise de Falhas**", que possui como conteúdo as seguintes ferramentas:

i. Brainstorming.
ii. Diagrama de Causa x Efeito.

iii. GUT (Gravidade – Urgência – Tendência).
iv. Método dos Por Quês?
v. Definição das Causas Raízes.
vi. Plano de Ação (melhorias das oportunidades encontradas).
vii. Acompanhamento da eficácia das ações implantadas.

Este método da **"Análise de Falhas"** possui como benefício propiciar a identificação de todas as "**Causas Raízes**" relacionadas diretamente com cada "**Provável Falha Funcional".**

i) Com as "**Causas Raízes**" conhecidas, já podemos determinar todos os "**Modos de Falhas**" existentes nos **componentes** principais da máquina.

Para cada "**Causa Raiz**", deve-se analisar o impacto direto do cumprimento da função da máquina no processo produtivo e definir qual é o "**Modo de Falha**" que está associado com **"Causa"**.

Fase 3:

Dos **"Modos de Falhas"** conhecidos até a definição da melhor estratégia da manutenção representada pelos **Planos de Manutenção**

j) Para cada **"Modo de Falha"** identificado em um **componente** principal, pode-se criar uma **ação de manutenção** no sentido de garantir que a aplicação desta ação irá evitar o aparecimento deste **"Modo de Falha"**, não propiciando a ocorrência da **"Provável Falha Funcional"**.
k) Com todas as **ações de manutenção** definidas, são agrupadas nos diferentes tipos de manutenção, garantindo assim a melhor estratégia de manutenção, como segue:

- **Manutenção Preventiva Sistemática** (no tempo: calendário, odômetro, horímetro).

- **TrocaProgramada**.

- **Manutenção Preditiva** (por condição) podendo ser do tipo:

  i. Instrumentada (análise de vibração, termografia, análise de óleo, etc.).

  ii. Sensitiva (rotas de inspeção eletromecânica pela equipe de manutenção e pela equipe de operação).

Fase 4:

Elaboração dos **Planos de Manutenção**

l) Com as **ações de manutenção** já agrupadas, deve-se utilizar o **Formulário Padrão JWB Engenharia** para a elaboração dos Planos de Manutenção, conforme o formulário do modelo de um **Plano de Manutenção Preventiva Sistemática** apresentado abaixo:

JWB	PLANO DE MANUTENÇÃO PREVENTIVA SISTEMÁTICA		Periodicidade	Página
	Máquina			/

Item	Pessoal			Ferramentas Especiais			EPI's / EPC's		
	Especialidade	Qtde	HH	Descrição	Part Number	Qtde	Descrição	Qtde	CA
1									
2									
3									
4									
5									

Sistema		Conjunto	

Item	Componente	No	Atividade	Duração (horas)	Peças				Capítulo do Manual
					Descrição	Part Number	Unidade	Qtde	
1		10							
2		20							
3		30							
4		40							
5		50							
6		60							
7		70							
8		80							
9		90							
10		100							
11		110							
12		120							
13		130							
14		140							
15		150							
16		160							

Item	Revisão	Descrição	Elaborado por	Aprovado por	Data
1					
2					
3					

2.8) Os Padrões de Falha e os Códigos de Falhas

Padrões de falha representam a frequência de ocorrência das falhas em relação à idade operacional de um equipamento.

A Metodologia de Confiabilidade adota um modelo no qual 6 (seis) padrões de falha (modos de falhas mais comuns ou probabilidade condicional), classificados como: “A”, “B”, “C”, “D”, “E” e “F” são utilizados para caracterizar a vida dos equipamentos.

Relação direta da taxa de falha no tempo:

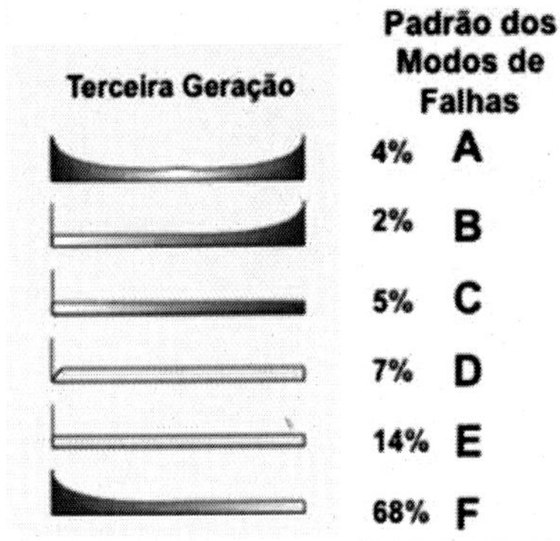

2.8.1) Os padrões "A", "B" e "C":

Os padrões "A", "B" e "C" (11%) apresentam um aumento na probabilidade de falha no final da vida útil. Desta maneira, podem ser mitigados com intervenções periódicas, ou seja, o conceito de manutenção preventiva contribui com o desempenho dos ativos mesmo com um tempo de utilização próximo a vida útil determinada pela engenharia.

Somente nestes casos as intervenções poderão contribuir com a confiabilidade dos ativos.

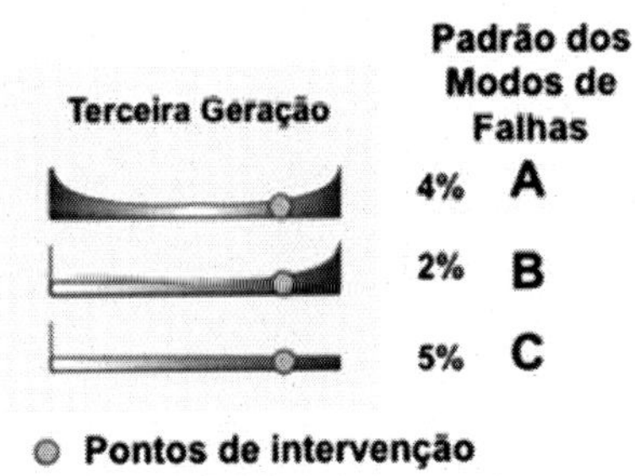

A) Padrão A – Curva da Banheira (4%)

Elevada ocorrência de falhas no início de operação (Mortalidade Infantil), seguido de frequência de falhas constante e aumento na frequência de falhas.

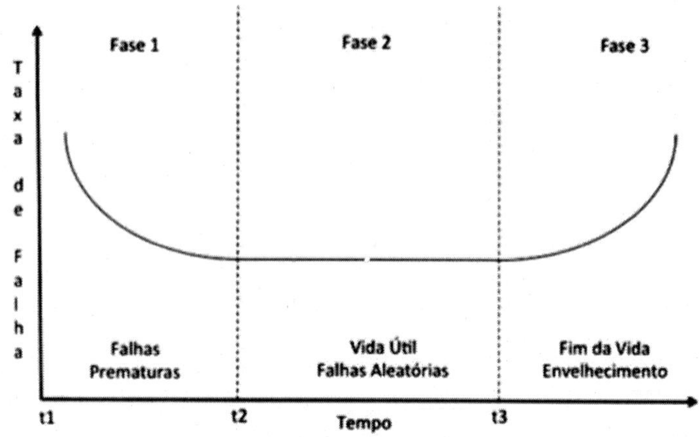

Elevada ocorrência de falhas no início de operação (t1 – t2), seguido de frequência de falhas constante (t2 –t3) e, aumento na frequência de falhas (t3......)

A.1) 1º estágio: região de alta, porém decrescente, taxa de falha.

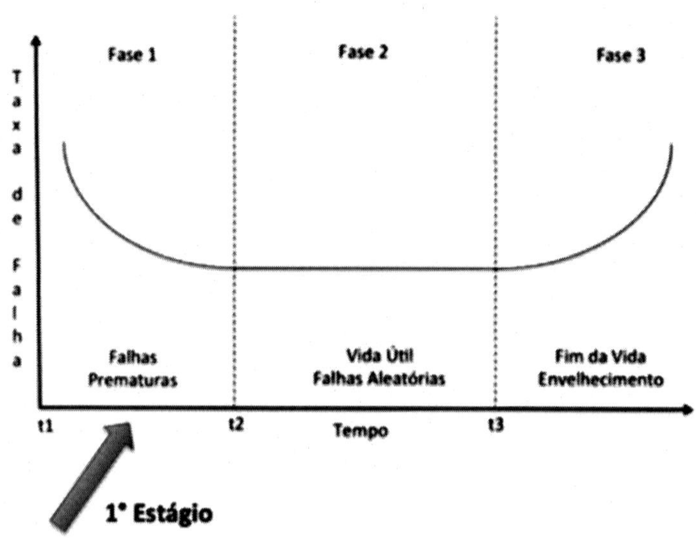

Falhas = defeitos relacionados a matérias-primas e operações de manufatura que não atendem às normas de especificação (causas especiais).

Mortalidade infantil reduzida através da adoção de projetos robustos de produto e práticas de controle de qualidade na manufatura.

Exemplo de ocorrência: equipamentos e componentes mecânicos.

A.2) 2º estágio: fase de vida útil, menor taxa de falha do gráfico, aproximadamente constante.

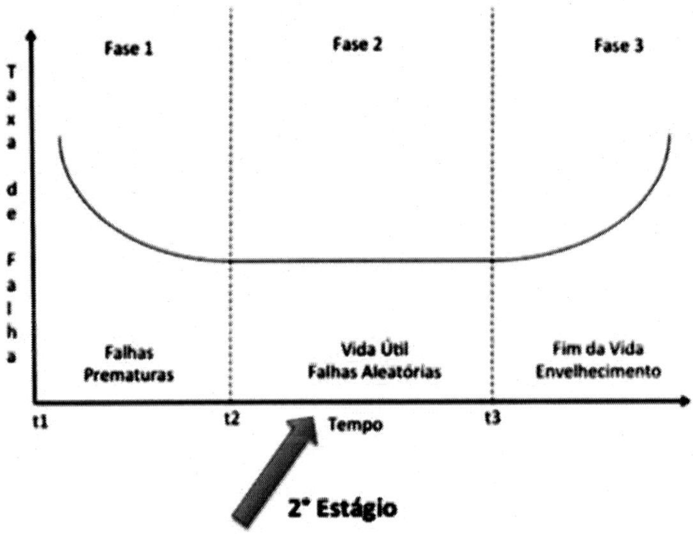

Falhas causadas por eventos aleatórios, designadas por causas comuns e não relacionadas a defeitos inerentes às unidades.

Exemplo de ocorrência: sobrecargas de voltagem, vibração e impactos, aumentos na temperatura e umidade durante a operação normal.

Falhas por causas comuns podem ser reduzidas através da melhoria nos projetos dos produtos, tornando-os mais robustos.

Computadores e componentes eletroeletrônicos costumam apresentar função de risco dominada pelo estágio de vida útil, com períodos curtos de mortalidade infantil e envelhecimento.

Para estes sistemas, atenção especial deve ser dada a falhas aleatórias e métodos de controle do ambiente de utilização do produto.

A.3) 3º estágio: envelhecimento, região de taxa de falha crescente, dominada por falhas relacionadas ao desgaste do ativo.

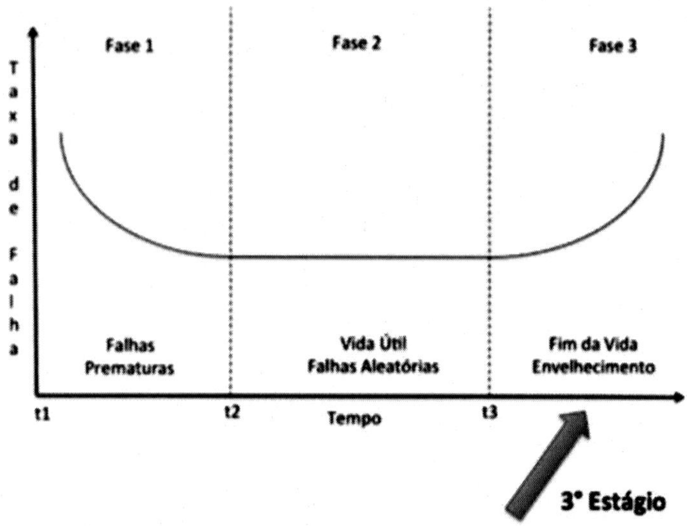

Exemplo de ocorrência: corrosão e trincas por fadiga.

O aumento da taxa de falha indica a necessidade de reposição de peças no produto, informando a duração aproximada de sua vida de projeto.

Alternativas para amenizar intensidade do envelhecimento:

- Projeto utilizando materiais mais duráveis.
- Práticas de manutenção preventiva e corretiva.
- Controle de fatores ambientais que possam intensificar a taxa de falha.

Exemplo de ocorrência: equipamentos e componentes mecânicos.

Pelo fato de podermos determinar a idade limite dos componentes, pode-se realizar a "*Manutenção Preventiva*" neste momento, pois assim podemos tentar manter a taxa de falha deste componente no mesmo nível da taxa de falha da vida útil.

B) Padrão B – Curva da Banheira (2%)

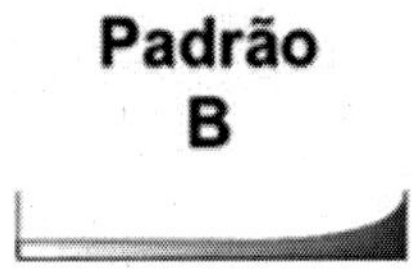

Apresenta a probabilidade constante de falha, seguida de uma zona de acentuado desgaste no fim da sua vida útil.

Exemplo de ocorrência: Motores de combustão alternativos de carros, caminhões, motocicletas, ônibus, etc.

Motivo: O controle da qualidade na usinagem evita a ocorrência de falhas iniciais.

Pelo fato de podermos determinar a idade limite dos componentes, pode-se realizar a "*Manutenção Preventiva*" neste momento, pois assim podemos tentar manter a taxa de falha deste componente no mesmo nível da taxa de falha da vida útil.

C) Padrão C – Curva da Banheira (5%)

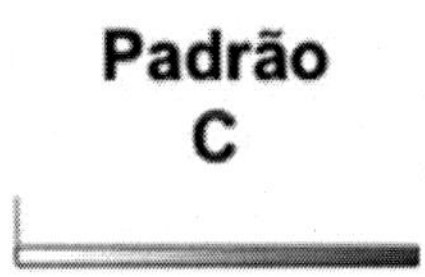

Apresenta um aumento lento e gradual da taxa de falha, sem uma zona definida de desgaste (envelhecimento).

Exemplo de ocorrência: Os motores a jato de avião, as turbinas.

Neste caso, a definição de um limite de tempo para realizar revisões ou trocas é importante, pois pode-se evitar um grande número de falhas se intervirmos em um determinado ponto.

Os padrões "A", "B" e "C" representam os componentes que estão em contato direto com o produto ou a matéria-prima. Ativos que trabalham em um regime de sobrecarga ou "stress".

Para os padrões "A", "B" e "C" o aumento da taxa de falha é devido a fadiga, atritos, cargas cíclicas, desgastes, envelhecimento, corrosão, etc.

As melhores ações de manutenção para estes padrões são:

a) Manutenção Preventiva Sistemática.
b) Manutenção Preventiva por Condição (Preditiva). Especialmente para as Falhas do tipo do padrão "C".
c) Inspeção Técnica Eletromecânica Preventiva.

Estes 3 padrões de falhas representam apenas 11% dos ativos instalados, portanto será que podemos questionar a:

"Importância da Manutenção Preventiva Sistemática"?

2.8.2) Os padrões "D", "E" e "F":

Os padrões "D", "E" e "F" (89%) *não* apresentam um aumento na probabilidade de falha no final da vida útil. Desta maneira, as intervenções periódicas não irão contribuir com a confiabilidade dos ativos.

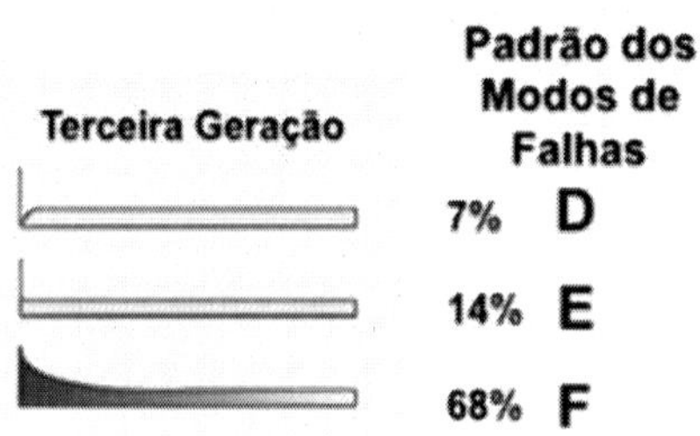

D) Padrão D – (7%)

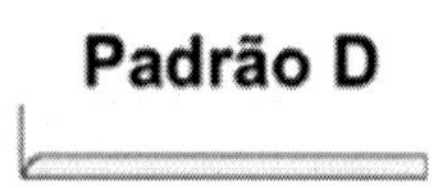

Mostra baixa taxa de falha quando o item é novo e sofre posteriormente um rápido aumento da taxa de falha para um nível constante.

A definição do limite de tempo para a troca ou revisão ***NÃO*** é positiva, ou seja, podem ser introduzidos "*erros de manutenção*".

Aplicar, preferencialmente, o tipo de Manutenção Preditiva caso as consequências possam afetar a segurança pessoal dos colaboradores.

Caso as falhas não tenham nenhuma relação direta com nenhuma consequência crítica, deve-se deixar o componente até a "*Falha Funcional*".

E) Padrão E – (14%)

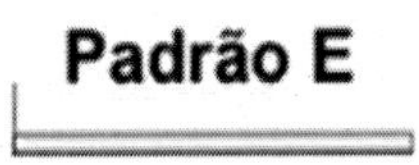

Mostra uma taxa de falha constante em qualquer período.

A definição do limite de tempo para a troca ou revisão ***NÃO*** é positiva, ou seja, podem ser introduzidos "*erros de manutenção*" e os recursos da manutenção (que sempre são limitados) serão desperdiçados.

Aplicar, preferencialmente, o tipo de Manutenção Preditiva caso as consequências possam afetar a segurança pessoal dos colaboradores.

Caso as falhas não tenham nenhuma relação direta com nenhuma consequência crítica, deve-se deixar o componente até a "*Falha Funcional*".

F) Padrão F – (68%)

Indica que uma maior probabilidade de falhas ocorre quando o componente é novo ou imediatamente após restauração.

Exemplo de ocorrência: Equipamentos eletrônicos.

A definição do limite de tempo para a troca ou revisão ***NÃO*** é positiva, ou seja, pode ser introduzido "*erros de manutenção*" e os recursos da manutenção (que sempre são limitados) serão desperdiçados.

Aplicar, preferencialmente, o tipo de Manutenção Preditiva caso as consequências possam afetar a segurança pessoal dos colaboradores.

Caso as falhas não tenham nenhuma relação direta com nenhuma consequência crítica, se deve deixar o componente até a "*Falha Funcional*".

Como característica deste grupo de padrões de falha (D, E e F), fica evidente que o tipo: "Manutenção Preventiva Sistemática" não é aplicável.

E que a melhor estratégia é o tipo: "Manutenção Preventiva por Condição (Preditiva)", ou nos casos que a ocorrência da falha não irá gerar nenhuma consequência grave, o Tipo: "Manutenção Corretiva".

Neste caso, apenas a medição de parâmetros técnicos é que poderá identificar a proximidade da ocorrência de uma falha.

Portanto será que podemos questionar novamente a:

"Importância da Manutenção Preventiva Sistemática"?

2.8.3) Resumo dos padrões de falhas

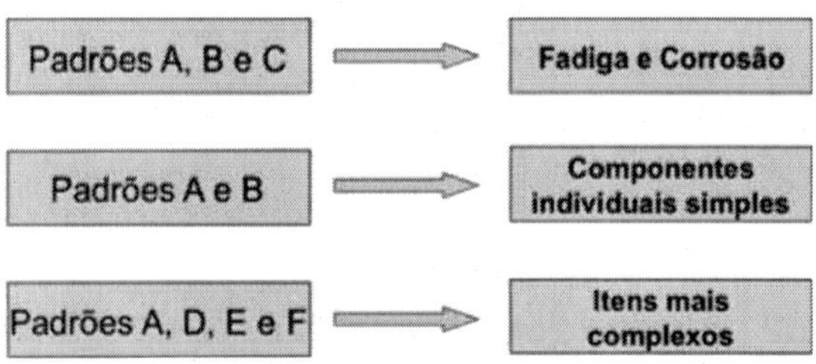

Os Códigos de Falhas:

Para que possamos facilitar a obtenção das informações de campo e garantir uma análise global padronizada na compilação dos dados, é vital a oportunidade de trabalharmos com um grupo reduzido, mas consistente e com qualidade, para os "*Efeitos*", para as "*Causas*" e para as "*Ações*" das equipes de manutenção no dia a dia do departamento.

A determinação através de códigos padronizados de todas as características relacionadas com uma falha ocorrida (efeito, motivo, ação de contingência, causa raiz e ação final) facilitam para uma Análise de Pareto e o estudo do Histórico do ativo em questão.

A importância da existência de padrões atualizados para a codificação das falhas e o registro destes padrões informados regularmente no sistema de gestão das práticas da manutenção faz com que a Engenharia de Manutenção possa estudar as melhorias necessárias viáveis, no sentido de tornar os ativos mais confiáveis.

Está sendo apresentado em anexo 3 (três) grupos distintos dos "*Efeitos*", das "*Causas*" e das "*Ações*", que são:

b.1) Códigos relacionados com as atividades da especialidade de **Mecânica**.

b.2) Códigos relacionados com as atividades da especialidade de **Elétrica**.

b.3) Códigos relacionados com as atividades da especialidade de **Instrumentação**.

Os códigos de falhas estão sendo apresentados no "*Anexo B*".

2.9) A Sustentabilidade dos Processos da Manutenção

2.9.1) A contribuição da análise de falhas para a sustentabilidade dos processos produtivos.

A importância da aplicação correta da metodologia de análise de falha de uma maneira pró-ativa na busca da informação de causa raiz a qual possa ser conduzida a ações corretas, a análise de falha possui uma relação direta com a sustentabilidade dos processos, para que possamos garantir um processo produtivo sustentável, ou seja, no atendimento à transformação dos recursos planejados na obtenção dos resultados esperados entre produtividade, qualidade, custo, segurança, respeitando os aspectos ambientais, os padrões de trabalho devem ser conduzidos da maneira na qual todas as ações levem a resultados que possam ser traduzidos em processos cada vez melhores, garantindo com isto a sustentabilidade do meio na qual os ativos estejam operando.

O tema sustentabilidade tem sido muito discutido ultimamente, mas afinal o que é sustentabilidade?

Sustentabilidade é um conceito que está relacionado com a continuidade dos aspectos econômicos, sociais, culturais e ambientais da sociedade humana, ou seja, quais mudanças podem ocorrer no nosso comportamento, para que não prejudiquemos as gerações futuras.

A atividade de manutenção deve orientar suas ações para que cause um menor impacto possível ao meio ambiente. Causar impacto é inevitável, porém se pode reduzir consideravelmente esses impactos e muitas vezes com atitudes muito simples, que passam a fazer parte de nosso dia a dia quando se altera um pouco a maneira de realizar as atividades.

Dentro de cada atividade de manutenção, a modernização de ativos, pode ser considerado um fator determinante para que exigências ambientais sejam atendidas. Redução no consumo de energia elétrica, água e até mesmo de papel, que muitas empresas imprimem suas ordens de serviço, para todo e qualquer serviço, pode ser um início a ser considerado, pode ser estudado uma nova maneira de se fazer a mesma ação, porém que cause menos impacto.

O descarte de resíduos, como panos, óleo e qualquer outro material, deve ser realizado por empresas idôneas, nas quais, podem garantir o correto destino para estes materiais. Outro ponto importante para a manutenção é a filtragem de óleo, ao invés de descarte e aquisição de óleo novo.

2.10) O Conhecimento dos Modos de Falhas

"Se você não sabe como os componentes dos ativos falham, você não saberá como corrigi-los."

Questão:
"Existe um método padronizado e assertivo na identificação dos Modos de Falhas pela Engenharia de Manutenção?"

"A equipe de manutenção e operação entende plenamente que os planos de manutenção preventiva elaborados sem o conhecimento dos modos de falhas são pouco eficazes?"

Os modos de falhas:

Para se definir o "*Modo de Falha*" é importante o entendimento do significado de:

a) Modo: é a maneira ou forma particular de se realizar uma ação. Também é a maneira de se manifestar ou conseguir aquilo que se deseja.

b) Falha: é o ato ou efeito de falhar. Não atingir o resultado desejado.

O "***Modo de Falha***" pode ser definido como:

- A maneira na qual a falha potencial se apresenta.
- A maneira com que o componente falha ou deixa de apresentar o resultado esperado ou desejado.
- A forma da falha potencial.
- É um estado anormal de trabalho do componente.
- A maneira na qual o componente deixa de executar a sua função ou deixa de atender às especificações.
- A maneira na qual se observa o dano causado.

O modo de falha tem como característica ser uma propriedade inerente a cada componente, visto que cada componente possui suas características particulares como aplicação, função, especificação técnica, ambiente de trabalho, materiais envolvidos, fabricação, instalação, vida útil e qualidade.

Para a identificação dos "*Modos de Falhas*", temos 2 (duas) abordagens possíveis, conforme apresentado abaixo:

a) Abordagem Funcional:

Para a aplicação desta abordagem não é necessário o conhecimento das especificações de engenharia e do projeto do componente. Pode ser tratada como o não cumprimento da função do componente.

Por exemplo, um eixo tem como função a transmissão de movimento e torque e o modo de falha para este eixo é a não transmissão de movimento e de torque.

b) Abordagem Estrutural:

Para a aplicação desta abordagem é necessário o conhecimento das especificações de projeto e de engenharia do componente.

Por exemplo, um eixo tem como função a transmissão de movimento e torque e o modo de falha para este eixo é a ruptura, ou o empenamento, ou o desgaste.

Tanto na abordagem "*Funcional*" como na abordagem "*Estrutural*" é muito importante que se tenha, bem definida, a função do componente, pois é a referência para se verificar quando o item está em estado de falha potencial ou não.

Seguem abaixo alguns exemplos de "*Modos de Falhas*":

a) Eixo: Ruptura, empenamento, desgaste, desalinhamento, deformação.
b) Filtro: Rompido, entupido.
c) Rolamento: Falha na vedação, marcas durante a instalação, lubrificação inadequada, lubrificação excessiva ou lubrificação insuficiente, corrosão, descargas elétricas, lascamento.
d) Motor elétrico: Falha no isolamento, enrolamento danificado, rotor queimado, vibração excessiva, rolamento travado.

Identificação dos Modos de Falhas no local do trabalho:

1) Se um operador está trabalhando em um ativo no qual vem apresentando um desgaste de um dos seus componentes, qual ação é tomada por este operador?

2) Todos os operadores foram treinados para reconhecer os sinais de cada Modo de Falha e as condições operacionais que levam aos Modos de Falhas?

3) O operador entende quais ações são esperadas que ele tome quando um Modo de Falha se torna presente durante uma operação?

4) Existem instruções de trabalho no local do trabalho que orientam os operadores sobre os sinais dos Modos de Falhas?

5) Existe um sistema de garantia instalado na qual irá possibilitar a identificação e a eliminação dos Modos de Falhas?

Capítulo 3

Procedimento Padronizado para a Análise de Falha

> *"A melhor maneira de tratar a falha já conhecida e aplicar um método de trabalho orientado no sentido de garantir a não reincidência da falha ocorrida".*

Questão:
Possuímos uma sistemática de trabalho padronizada, na qual esta estruturada em uma metodologia de Analise de Falha documentada e disseminada entre os colaboradores?

A metodologia de análise de falha deve ser desenvolvida, criada e elaborada pela engenharia, mas necessariamente os conceitos, padrões e aplicação devem ser multiplicados pelos técnicos de campo e operadores de máquina, as quais devem estar participando de todas as reuniões na busca das causas raízes, no sentido de que aqueles que estão trabalhando próximos aos ativos, é que detenham o conhecimento e a facilidade de identificação dos principais problemas e dificuldades ocorridas quando da evolução da falha potencial atingindo a condição de falha funcional. Portanto, é muito importante que possamos garantir a correta especialidade na formação do grupo de estudo técnico para cada falha funcional a ser analisada.

Quando tratamos a análise de falha como uma atividade necessária da manutenção, seja estudando uma falha potencial ou mesmo uma falha funcional, não podemos esquecer que o fato de cumprirmos a sequência da metodologia determinada pelos passos principais na busca da causa raiz, não garante nada que o resultado obtido através deste estudo técnico seja correto e relevante ao ponto de podermos utilizar as informações obtidas pelo grupo de estudo, na preparação e programação de ações que venham a tornar o nosso ambiente mais confiável.

Podemos tomar como exemplo uma partida de futebol, a regra todos conhecem, portanto não basta cumprir a regra dentro de campo, se o resultado ao final não vier com uma vitória, a metodologia de análise de falha requer a mesma disciplina, o mesmo entendimento, aplicando corretamente a metodologia e a ferramenta padronizada estaremos seguindo pelo caminho correto, mas se as informações coletadas e os registros realizados durante a análise não conduzirem a obtenção das causas raízes de cada problema estudado, seja na fase da falha potencial ou mesmo na falha funcional, o resultado não irá garantir a aplicação de ações corretas, ou seja, ações que venham a eliminar as causas-raízes, ocorrendo com isto uma repetição de eventos, tornando o ambiente da manutenção reativo, prejudicando substancialmente o Pilar de Manutenção Planejada. Desta maneira, é necessário que haja muita disciplina na condução dos estudos técnicos da falha funcional.

Quando o grupo de técnicos está reunido para realizar o estudo de análise de falha de uma situação já ocorrida, ou que está ocorrendo, todas as atenções estão voltadas para a característica técnica do evento e em função da formação de cada participante do grupo de estudo, os aspectos técnicos são mais relevantes do que os aspectos pessoais para cada ponto analisado.

Existe uma necessidade de melhorarmos a condução de cada reunião no que se refere à identificação dos melhores recursos que estarão sendo convocados para cada estudo necessário.De nada adianta termos profissionais disponíveis para realizar os estudos técnicos das análises de falhas, sem que estas pessoas tenham a formação técnica e a capacidade de contribuir com o grupo.

Portanto, compete ao líder responsável pela condução das reuniões para cada caso específico, a identificação correta dos melhores profissionais que estarão participando de cada mesa de estudo, entendendo-se que é de vital importância tanto os aspectos técnicos relacionados a cada evento, como também a característica individual pessoal de cada colaborador participante.

Outro ponto importante é a maneira na qual cada reunião será desenvolvida, pois as reuniões devem ser conduzidas de uma maneira livre, aberta, transparente, ou seja, sem nenhum tipo de inibição, perseguição, fazendo com que todos os integrantes do grupo se sintam livres e motivados a contribuir em qualquer condição na qual cada assunto esteja sendo debatido, pois somente assim estaremos conduzindo o grupo para a obtenção da melhor resposta para cada falha apresentada, fazendo com que a confiabilidade de cada processo estudado esteja garantida. Portanto, fica evidente a importância da garantia da capacidade técnica dos participantes.

Antes de partirmos para a utilização do resultado de cada grupo de trabalho, na oportunidade de utilizarmos as informações geradas como causas raízes na revisão dos planos de manutenção já instalados, temos que primeiramente garantir que a qualidade das informações geradas esteja de acordo com as expectativas da engenharia.

Temos que garantir que as causas analisadas e trabalhadas retratem, substancialmente e corretamente, as causas raízes para cada situação analisada. Portanto, para que possamos garantir um resultado de cada estudo correto, necessitamos que cada análise de falha realizada seja verificada e validada pela engenharia no contexto da priorização pelo conteúdo técnico, viabilizando a oportunidade de eliminarmos a falha, ao mesmo tempo tornando as práticas de manutenção mais produtivas e eficazes, garantindo com isto uma grande oportunidade de revisarmos os planos de manutenção, com base a um estudo técnico contendo informações precisas.

3.1) A visão da Falha pelo "Efeito"

É muito comum analisarmos a ocorrência de uma falha funcional somente pelo "**Efeito**", pois como temos a evidência do evento ocorrido, é muito mais simples nos atentarmos para as condições daquilo que conseguimos "**ver**", e nos contaminamos com o "Efeito" sem nos preocuparmos com o que realmente causou a falha funcional.

Alinhado a este sentido, pode-se explorar a diferença entre o "**ver**" e o "**observar**", ou seja, quando um técnico está em campo presenciando uma ocorrência em um ativo, o que normalmente acontece, até mesmo em função da condição humana, é que este técnico foca todas as suas atenções naquilo que está **"vendo"**, e não se preocupa com a etapa (mais importante), que é a etapa da **"observação"**, causando com isto um erro inicial de interpretação da ocorrência.

A falha na correta interpretação inicial de um evento de falha funcional, faz com que o estudo técnico seja conduzido a um caminho diferente daquele que poderá proporcionar os melhores resultados na identificação da causa raiz, e com isto tornar o ativo cada vez mais confiável.

Muitas vezes somos forçados a gerar relatórios e respostas rápidas sobre a parada de um ativo ou uma instalação, evitando a possibilidade de um estudo técnico mais abrangente e seguro, fazendo com que a ação de campo esteja somente centrada na recuperação do ativo, sem nenhuma preocupação sobre a sua reincidência.

Quando tomamos uma ação de campo focados somente com base nas informações sobre o "**Efeito**", tornamos nossa organização vulnerável sem que o controle sobre o ativo seja possível de ser atingido e, portanto, sem podermos garantir um ativo confiável até que uma nova ocorrência não planejada ocorra, contaminando toda a estratégia da área de planejamento, programação e execução da manutenção.

Não podemos garantir o cumprimento da Função Planejamento sem que uma correta Análise de Falha seja realizada, na obtenção correta da causa raiz (causa fundamental) para cada evento não planejado.

3.2) Divergência de entendimento em um evento de falha

O que ocorre é que como a falha está diretamente relacionada com uma ação não planejada de atendimento imediato da manutenção, muitas pessoas entendem que um evento de falha deve ser tratado e investigado, somente através das práticas da manutenção, realizando-se apenas uma "Análise de Falha", focando-se apenas nos aspectos técnicos do componente que falhou.

Isto ocorre porque a equipe de manutenção possui como principal atribuição retomar o ativo nas melhores condições operacionais e, quando isto ocorre, a operação é retomada no processo produtivo e, pelo simples fato do ativo estar operando novamente, não há o interesse em realizar uma investigação mais detalhada, na profundidade suficiente para que todos os fatores relacionados com o evento da falha ocorrida possam ser estudados e tratados corretamente.

Os principais fatores que normalmente estão relacionados com um evento de falha são:

- Manutenção: planos / cumprimento / histórico / capacitação da equipe / procedimentos.
- Operação: procedimentos / capacitação da equipe.
- Processo: cargas / matéria-prima / fluxo.
- Projeto: dimensionamento / lay-out.

Não se pode confundir a ação necessária da manutenção com a exclusiva responsabilidade sobre o evento da falha.

Desta maneira, muito mais do que apenas se realizar a "Análise de Falha" de um evento não planejado, deve-se realizar uma "Análise da Causa Raiz", pois assim todos os aspectos envolvidos com o evento da falha serão profundamente analisados e, principalmente, todas as ações de melhoria resultantes irão garantir que o evento da falha ocorrida não irá repetir, tornando o ativo em questão mais confiável no cumprimento da sua função no processo produtivo na qual está participando.

11 Regras básicas para a correta aplicação da Metodologia de Análise de Falha

1) Conhecer a metodologia em todas as suas etapas.

2) Disseminar os conceitos da metodologia para todos os participantes.

3) Seguir a sequência passo a passo da metodologia da análise de falha.

4) Utilizar cada etapa da metodologia para explorar o máximo de conhecimento de todos os envolvidos, principalmente os operadores e os técnicos de manutenção.

5) Iniciar a aplicação da metodologia para sistemas mais simples. Isto é importante em virtude de conseguirmos resultados mais rápidos e ações nas quais envolvem investimentos menores, pois os sistemas mais complexos com uma necessidade de recursos e investimentos muito altos, dificilmente irão ser aprovados com rapidez e tornará os resultados mais rápidos como uma contribuição direta na motivação da equipe de trabalho.

6) Na condução da metodologia, em cada etapa, estar seguro de que todo o conteúdo explorado foi atingido e pode-se partir para a próxima etapa.

7) Com o resultado das causas raízes obtidas, identificar que universo de possibilidades está coberto e desafiar o sistema em função de não deixarmos nada para trás.

8) Criar, necessariamente, um plano de ação sequenciado com a ação, como realizar a ação, o que esperamos do resultado a ação, o responsável por ela, o prazo de atendimento e os recursos envolvidos de investimento, instrumentos, ferramentas, recursos externos, contratações etc.

9) Divulgar o resultado da análise de falha e divulgar também o plano de ação com os respectivos responsáveis.

10) Acompanhar a evolução do plano de ação no cumprimento de cada tarefa definida, identificando os desvios e as oportunidades de melhoria.

11) A cada resultado atingido, disseminar no grupo os resultados, criando um espírito positivo e motivacional para que novos estudos possam ser realizados com o mesmo conceito de trabalho.

3.3) Procedimento Operacional da Manutenção

3.3.1) Metodologia de Análise de Falha – Causa Raiz

O procedimento padronizado completo para a aplicação correta da metodologia de análise de falha pode ser consultado no "***Anexo A***".

Capítulo 4

Exemplos na aplicação da metodologia padronizada, para os Anexos "5", "6" e "7" do Procedimento apresentado no "Anexo A":

Os 2 (dois) exemplos apresentados abaixo possuem como principal objetivo mostrar o que pode ocorrer quando a sequência da técnica dos "Por quês?" é conduzida de maneiras diferentes, ou seja, de que maneira as ações necessárias de melhoria podem variar no sentido de sanar o mesmo problema.

Está sendo apresentado um exemplo, que apesar de utilizar a mesma metodologia, estará apresentando uma sequência de estudo mais simples, menos cuidadosa e, portanto, com ações mais rápidas e menos eficazes.

Por outro lado, está sendo apresentado um segundo exemplo, utilizando a mesma metodologia, com uma sequência do estudo mais completa, mais cuidadosa e, portanto, com ações mais eficazes.

A proposta dos 2 (dois) exemplos é alertar o leitor para o fato de que não adianta tornar este tipo de estudo muito simplificado e também não adianta iniciar este tipo de estudo já assumindo as causas raízes, sem sequer explorar a metodologia da maneira correta, pois o resultado obtido será pouco eficaz no contexto da necessidade de melhoria do ativo em questão.

Muitos esforços têm sido despendidos no sentido de se conseguir implementar uma metodologia de análise de falha – causa raiz, mas todos estes esforços tem sido em vão, pois os técnicos não valorizam esta técnica, tornando os estudos pouco atraentes e a resistência da equipe leva a resultados muito longe da realidade das melhores soluções.

a. Exemplo 1: Aplicação errada com resultado pouco consistente.

Anexo 05

Formulário do "Método dos Por Quês?" para Investigação da Causa Raiz

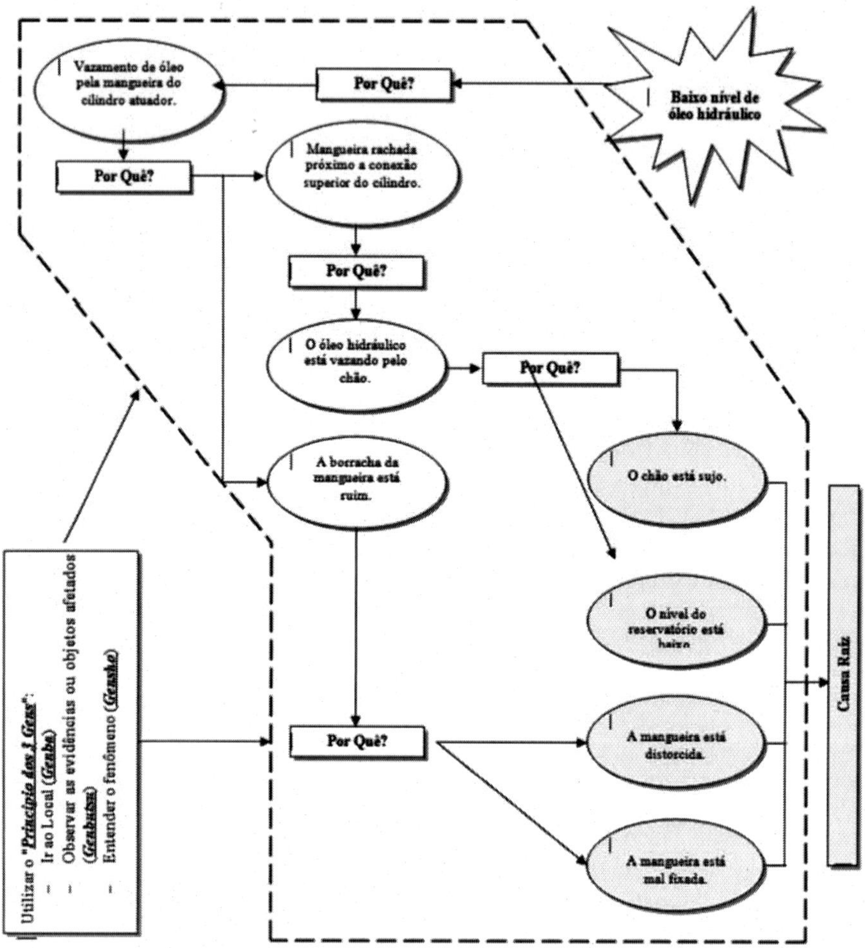

Anexo 06

Estabelecendo Contramedidas e Melhorias para Bloquear as Causas Raízes

Causas Raízes	Contramedidas de Bloqueio das Causas Raízes e Propostas de Introdução de Melhorias	Comentários
- O chão está sujo.	- Limpar o chão. - Garantir que o óleo derramado não seja direcionado para o ralo do esgoto. - Garantir que não haja nenhum impacto ambiental com o vazamento do óleo hidráulico. - Verificar a existência de um sistema de contenção adequado, no sentido de garantir que o óleo derramado não venha a contaminar o ambiente.	Toda vez que ocorre um vazamento de óleo hidráulico no ambiente de trabalho do reservatório, é possível a ocorrência da contaminação deste mesmo ambiente. deve-se instalar um sistema de contenção para minimizar o impacto ambiental, quando da ocorrência deste tipo de situação.
- A mangueira está mal fixada. - A mangueira está distorcida.	- Fixar a mangueira na posição correta. - Utilizar o torque correto para a fixação da mangueira, sem que haja nenhum dano para a mangueira.	As mangueiras de borracha devem ser fixadas corretamente, através da utilização de ferramentas adequadas, na condição de trabalho correta.Buscar as causas raízes da condição da torção da mangueira.
- O nível do reservatório está baixo.	- Completar o reservatório com óleo hidráulico. - Verificar se durante o complemento com o óleo hidráulico, não há vazamento.	Caso não tenha sido eliminada a causa do vazamento do óleo hidráulico, é comum que durante a fase de abastecimento do óleo no reservatório, ocorra algum vazamento.

Anexo 07
Exemplo de um Plano de Ação (5W2H)

O Quê? (Contramedidas) (What)	Por Quê? (Justificativa) (Why)	Quem? (Responsável) (Who)	Onde? (Where)	Quando? (When)	Quanto Custa? (How Much)	Como? (How)
- Garantir que o óleo derramado não seja direcionado para o ralo do esgoto. - Garantir que não haja nenhum impacto ambiental com o vazamento do óleo hidráulico. - Verificar a existência de um sistema de contenção adequado.	- Para evitar qualquer tipo de contaminação ambiental. - Para evitar uma agressão ao meio ambiente, e também o pagamento de multa. - Para garantir que o óleo derramado não venha a contaminar o ambiente.	GM / SM	No local de instalação do reservatório.	Elaborar cronograma físico-financeiro para implementação das contramedidas.	R$ 7.000,00	- Conter corretamente o óleo derramado seguindo os procedimentos corretos da empresa. - Solicitar a área de engenharia o dimensionamento, caso necessário, de um sistema de contenção.
- Fixar a mangueira na posição correta. - Utilizar o torque correto para a fixação da mangueira, sem que haja nenhum dano para a mangueira.	- Para garantir que a mangueira possa cumprir corretamente sua função. - Para garantir a instalação correta da mangueira.	GM / SM	No local de instalação do reservatório.	Elaborar cronograma físico-financeiro para implementação das contramedidas.	R$ 1.000,00	- Seguir o procedimento de troca de mangueiras, utilizando o torque adequado.
- Completar o reservatório com óleo hidráulico. - Verificar se durante o complemento com o óleo hidráulico, não há vazamento.	- Para garantir que o reservatório esteja em boas condições operacionais. - Para evitar qualquer tipo de impacto ambiental.	GM / SM	No local de instalação do reservatório.	Elaborar cronograma físico-financeiro para implementação das contramedidas.	R$ 500,00	- Seguir o procedimento de reabastecimento de reservatório hidráulico.

b. Exemplo 2: Aplicação correta com resultado consistente.

Anexo 05

Formulário do "Método dos Por Quês?" para Investigação da Causa Raiz

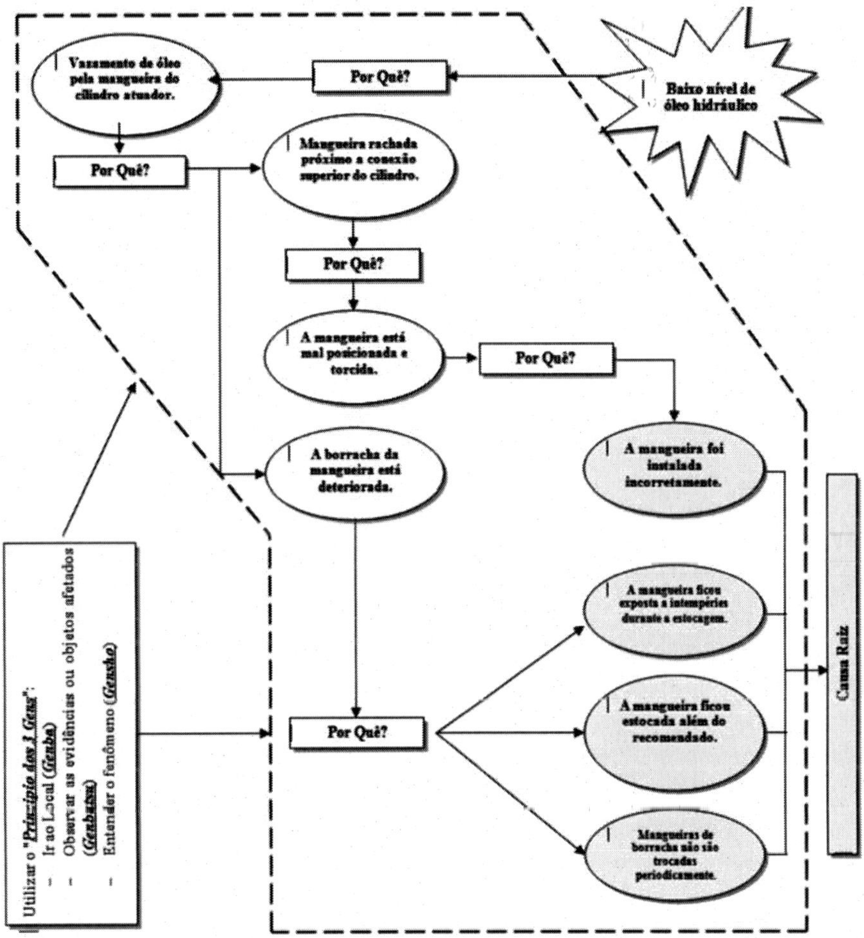

Anexo 06

Estabelecendo Contramedidas e Melhorias para Bloquear as Causas Raízes

Causas Raízes	Contramedidas de Bloqueio das Causas Raízes e Propostas de Introdução de Melhorias	Comentários
- A mangueira foi instalada incorretamente.	- Treinar grupos de reparo quanto aos procedimentos de manuseio e instalação de mangueiras de borracha – *Elaborar procedimento operacional padrão.* - Treinar inspetores de manutenção quanto aos critérios de inspeção de mangueiras de borracha – *Revisar padrões de inspeção periódica dos equipamentos (inclusive intervalos).* - Como contramedida adicional, inspecionar equipamentos similares quanto às condições de instalação de mangueiras hidráulicas de borrachas.	A qualidade da execução da manutenção e dos reparos (neste caso, a troca da mangueira) influencia na ocorrência de falha funcional. Além disso, houve falha da inspeção que não detectou a instalação incorreta da mangueira com antecedência.
- A mangueira ficou exposta a intempéries durante a estocagem. - A mangueira ficou estocada além do recomendado.	- Melhorar condições de estocagem de itens de borracha no almoxarifado – *providenciar câmara escura com controle de temperatura e umidade.* - Revisar procedimentos de estocagem de itens de borracha – *introduzir sistema "first in, first out" para garantir rotatividade dos itens de estoque.* - Estabelecer limite de vida em prateleira para itens de borracha – *Revisar o sistema de materiais para permitir o controle da vida em prateleira.*	Itens de borracha se degradam rapidamente sob condições de estocagem desfavoráveis – particularmente quando expostas à luz, calor, umidade e poeira.Buscar as causas raízes das falhas funcionais, também, nas prateleiras dos almoxarifados.
- Mangueiras de borracha não são trocadas periodicamente.	- Trocar as mangueiras de borracha de acordo com a periodicidade recomendada pelo fabricante – *Revisar plano de manutenção dos equipamentos.* - Fazer estudo técnico-econômico para aumento do intervalo de troca das mangueiras hidráulicas – A*valiar possibilidade de utilizar outras tecnologias (materiais).*	Itens com vida útil limitada devem ser trocados periodicamente. Fazer uso da tecnologia (novos materiais mais resistentes) e introduzir melhorias nos equipamentos. Avaliar a relação custo-benefício das melhorias.

Anexo 07

Exemplo de um Plano de Ação (5W2H)

O Quê? (Contramedidas) (What)	Por Quê? (Justificativa) (Why)	Quem? (Responsável) (Who)	Onde? (Where)	Quando? (When)	Quanto Custa? (How Much)	Como? (How)
- Treinar grupos de reparo quanto aos procedimentos de manuseio e instalação de mangueiras de borracha. - Treinar inspetores de manutenção quanto aos critérios de inspeção de mangueiras de borracha. - Inspecionar equipamentos similares quanto as condições de instalação de mangueiras de borrachas.	- A qualidade da execução da manutenção e dos reparos (troca da mangueira) influencia na ocorrência de falha funcional. Além disso, Houve falha de inspeção.	GM / SM	Informar com precisão a localização do (os) equipamento (os) que deverão ser revistos.	Elaborar cronograma físico-financeiro para implementação das contramedidas.	R$ 10.000,00	- Elaborar / revisar procedimento operacional padrão referente a manuseio e instalação de mangueiras de borracha. - Elaborar / revisar padrões de inspeção periódica dos equipamentos. - Prever treinamentos; - Inspeção de equipamentos similares.
- Melhorar condições de estocagem dos itens de borracha. - Revisar os procedimentos de estocagem de itens de borracha. - Estabelecer limite de vida em prateleiras para itens de borracha.	- Itens de borracha se degradam rapidamente em condições de estocagem desfavoráveis.	GM / Almoxarife	Almoxarifado	Elaborar cronograma físico-financeiro para implementação das contramedidas.	R$ 3.000,00	- Providenciar câmara escura com controle de temperatura e umidade. - Introduzir sistema "*first in, first out*" para garantir rotatividade dos itens de estoque. - Revisar o sistema de materiais para permitir o controle da vida em prateleira.
- Trocar as mangueiras de borracha de acordo com a periodicidade recomendada pelo fabricante. - Fazer estudo técnico-econômico para aumento do intervalo de troca das mangueiras hidráulicas.	- Itens com vida útil limitada devem ser trocados periodicamente. Fazer uso da tecnologia (novos materiais mais resistentes) e introduzir melhorias nos equipamentos. Avaliar a relação custo-benefício das melhorias.	GM / SM	Informar com precisão a localização do (os) equipamento (os) que deverão ser revistos.	Elaborar cronograma físico-financeiro para implementação das contramedidas.	R$ 5.000,00	- Revisar plano de manutenção dos equipamentos. - Avaliar possibilidade de utilizar outras tecnologias (materiais).

Capítulo 5
Tendências Mundiais da Manutenção

No sentido de informar alguns aspectos nas quais as empresas em todas partes do mundo vêm desenvolvendo suas práticas e apresentando alguns modelos em fase de desenvolvimento, encontram-se abaixo **14 práticas** que podem ser melhoradas e caracterizadas como um formato a ser utilizado pelas empresas, na busca de tornar as atividades do departamento de manutenção alinhadas com os objetivos da organização.

Os pontos apresentados abaixo necessariamente não devem ser utilizados como meta a ser atingida em um curto espaço de tempo pois, são condições e situações de trabalho nas quais o próprio ambiente da empresa de favorecer para que possam ser aplicados. Desta maneira, os responsáveis pelas práticas apresentadas abaixo devem encontrar o melhor caminho para torná-las uma realidade.

a. Visão geral dentro da empresa, influenciando todos os ativos:
Representa as atividades de manutenção fazendo parte da "agenda" da empresa, conquistando a visibilidade de todos os departamentos, garantindo a aplicação dos conceitos da gestão dos ativos.

b. Eliminando as causas das falhas/defeitos:
Apresenta a luta incessante da identificação das causas raízes, para que os defeitos possam ser minimizados e as falhas funcionais possam ser eliminadas.

Estes conceitos estão sendo apresentados com mais detalhes ao longo dos capítulos deste livro.

c. Organização apropriada (organograma):
A estrutura da manutenção deve garantir que todos os colaboradores tenham acesso a todas as informações, nas quais sejam importantes para o cumprimento das funções diárias.

Em função disto, a manutenção deve possuir um organograma adequado ao tamanho e a demanda dos seus processos.

d. Técnicas de Manutenção orientadas para o resultado:
As práticas diárias de manutenção devem estar alinhadas com os resultados da empresa, nos seus aspectos gerais, e não somente centradas nos resultados do departamento de manutenção, pois se deve garantir a aplicação do conceito de visibilidade e integração da manutenção aos objetivos principais da empresa.

e. Tarefas compartilhadas com a operação (manutenção autônoma):
Representa o envolvimento da área operacional em atividades básicas de conservação dos ativos, tais como, limpeza, inspeção, lubrificação, pequenos ajustes, etc.

Com esta prática se cria um conceito operacional mais apurado, uma operação mais cuidadosa e segura, garantindo um melhor desempenho dos ativos, e uma vida útil prolongada.

f. Política de subcontratação (outsourcing):
A contratação de serviços especializados de terceiros é uma tendência mundial, pois se apresenta de uma maneira crescente e é responsável por uma grande parcela da movimentação financeira das empresas.

Cabe lembrar da importância da aplicação da melhor estratégia na gestão dos serviços contratados.

g. A Manutenção no estágio do projeto (prevenção):
Fica mais evidente a cada ano que passa a importância do envolvimento e participação da manutenção nas reuniões de decisão de novos projetos, na garantia de que todas as informações fornecidas do histórico dos ativos através dos registros da manutenção possam contribuir com o conhecimento e entendimento do desempenho dos ativos ao longo da sua utilização na empresa.

Pela importância desta participação da manutenção, reforça a necessidade da garantia de um histórico de ativos completo, contínuo e confiável.

Esta técnica de participação da manutenção nos novos projetos é conhecida como "*Terotecnologia*".

h. Aumento da multifuncionalidade:
Esta tendência vem motivando um novo movimento nas escolas técnicas, faculdades e universidades, no fornecimento de cursos de formação multidisciplinares, tais como, mecatrônica.

Além de garantir uma melhor aplicação dos recursos pessoais contratados, a empresa fica mais vulnerável da dependência dos profissionais mais habilitados, pois com a multifuncionalidade, as funções da empresa podem ser realizadas por um número maior de pessoas.

i. Melhores sistemas informatizados de gestão:
As empresas provedoras de sistemas informatizados de gestão vem se adaptando e desenvolvendo sistemas cada vez mais práticos e fáceis de serem implantados e utilizados pelas empresas, pois este é um requisito e uma exigência cada vez maior do mercado.

O conceito do melhor sistema informatizado é aquele que melhor se adaptar e gerar os resultados esperados pelo departamento de manutenção das empresas.

j. Gestão dos Ativos orientada pelo valor econômico agregado (GAV):
Novo conceito de gestão de ativos, no fornecimento de um modelo de gestão e controle quantitativo, de como este tipo de gestão pode contribuir para o ***valor econômico agregado***, utilizando práticas e princípios de classe mundial.

A maior importância desta metodologia é podermos estreitar a linguagem do Gerente de Manutenção e a Diretoria Executiva das empresas, no que diz respeito ao ***Valor Econômico Agregado da Gestão de Ativos nos Processos Administrativos e Industriais***, e mostrar para todos os envolvidos com as práticas da gestão de ativos, quanto o valor econômico agregado desta gestão pode ser atingido e como o Gerente de Manutenção pode ser conduzido a ser responsável para atingi-lo.

Esta metodologia descreve claramente como revelar o valor potencial nos processos da gestão de ativos; como definir a melhor estratégia desta gestão que esteja verdadeiramente alinhada com as metas da empresa; como conseguir que a gestão de ativos faça parte da agenda dos negócios estratégicos da empresa.

k. Coletor de dados – Ordem de serviço impressa:
Como uma tendência para a redução do volume e quantidade de documentos impressos, manuseados e circulando diariamente nas empresas, está em crescente expansão a utilização de coletores eletrônicos de dados, como por exemplo, os *Palms,* os *PDAs*, os *IPADs*, etc., no sentido de garantir:

- Um único padrão de linguagem.
- Uma velocidade maior de comunicação.
- Maior facilidade de preenchimento dos serviços realizados.

- Melhor qualidade das informações compartilhadas.
- O fluxo correto dos serviços realizados e das informações registradas.

l. O cliente da manutenção – os acionistas (shareholders) (ativos):
Uma tendência mundial importante para a manutenção é o entendimento comum e progressivo da relação direta entre os departamentos, na qual a atividade de manutenção, apesar de estar diretamente relacionada com os processos operacionais, possui como característica principal o cuidado e a preservação dos ativos da empresa, ou seja, garantindo sua plena utilização, caracterizando com isto a melhor estratégia para a manutenção do patrimônio.

m. A manutenção – confiabilidade dos ativos e da planta:
É muito comum encontrar uma associação direta das atividades de manutenção com a "*Disponibilidade Física (DF)*" dos ativos, sem que haja uma evidência direta com os aspectos relacionados com a "*Confiabilidade Física (CF)*" destes mesmos ativos e da planta.

Mas, o que se está buscando com a melhoria contínua das práticas de manutenção é a garantia de que os ativos possam cumprir a programação de trabalho, no atendimento ao processo produtivo sem nenhum obstáculo ou interrupção. Desta maneira, fica caracterizada a relação direta da manutenção com a "*Confiabilidade Física (CF)*".

n. O "Gatekeeper" – seleção das tarefas de manutenção e projetos:
Com o principal objetivo de não interferir negativamente no cumprimento da "Função Planejamento", gerando a necessidade da análise e tratamento de 100% de todas as solicitações de serviços geradas pelos colaboradores da empresa.

Isto ocorre porque as diversas solicitações de serviço de manutenção possuem as seguintes características:

n.1) Serviço solicitado não viável economicamente.
n.2) Serviço viável mas, para ser realizado após 6 meses ou 1 ano.
n.3) Serviço viável para ser realizado por uma empresa contratada.
n.4) Serviço viável para ser planejado normalmente.

Portanto, conforme pode ser verificado, é importante garantir que a área de planejamento da manutenção utilize seu tempo útil para planejar os serviços informados no item "**n.4**" acima.

Desta maneira, para garantir que a atividade de planejamento não seja contaminada com as solicitações dos itens "**n.1**", "**n.2**" e "**n.3**" acima, deve-se implantar a "*Função Gatekeeper*", a qual se denomina como o "*Guardião do Portão*".

O "*Gatekeeper*" realiza, constantemente, a triagem (filtro) de todas as solicitações diárias de serviços, no sentido de preservar a "*Função Planejamento*".

Algumas características básicas da "*Função Gatekeeper*" são:

- Verifica o tipo de solicitação para as equipes da manutenção.
- Possui autoridade para a priorização da tarefa a ser realizada.
- Analisa as solicitações de trabalho não preventivas planejadas.
- Verifica a necessidade técnica da modificação solicitada.
- Estuda a função relacionada com a solicitação.

Capítulo 6
Os 13 Pontos de Avaliação da "Competência" da Manutenção

a) A empresa possui um plano diretor estratégico de manutenção com uma visibilidade para os próximos 5 anos?

Comentário:
Da mesma maneira que a operação possui uma visibilidade futura para os próximos anos, é importante que a manutenção esteja integrada com esta estratégia e desenvolva seu "*Plano Diretor*" para o mesmo período futuro, para que os processos operacionais possam ser atendidos com confiabilidade.

A importância desta estratégia é a oportunidade da melhor utilização de todos os recursos relacionados com as práticas da manutenção.

b) As falhas não são tratadas como uma opção, pois temos os modos de falhas bem definidos?

Comentário:
Esta questão evidencia a importância do conhecimento dos "*Modos de Falhas*" de todos os componentes críticos, pois sem esta condição, toda a estratégia definida para os planos de manutenção preventiva, fica comprometida, pois não será possível garantir a confiabilidade dos ativos em um ambiente na qual, as características que levam os ativos a falhas são desconhecidas.

Desta maneira, cabem às áreas de engenharia e planejamento da manutenção realizar os estudos para a identificação de todos os "*Modos de Falhas*" dos componentes, no sentido de propiciar a validação dos planos de manutenção existentes.

Enquanto não se tiver os "*Modos de Falhas*" conhecidos e tratados corretamente, a falha será tratada como uma opção.

c) Podemos garantir a qualidade no apontamento das ordens de serviço, na alimentação do nosso histórico técnico?

Comentário:
Enquanto os técnicos de manutenção de campo não entenderem a importância do fornecimento de uma informação com qualidade, os registros diários não irão contribuir com um histórico confiável dos ativos.

O que ocorre é que as informações que já existem no banco de dados do sistema informatizado são valorizadas e, em contrapartida, as informações provenientes de campo, através do conhecimento e contato diário dos técnicos de manutenção com os ativos, não são valorizadas ao mesmo nível, ocasionando, com isto, uma real falta de motivação por parte da equipe de manutenção, na garantia de um registro correto e confiável.

Contribuindo para a falta de qualidade na alimentação do histórico dos ativos, também existe a condição de que as pessoas não entendem a maneira da qual o histórico pode ser utilizado, na atualização e validação dos planos de manutenção preventiva e no aprendizado dos próprios técnicos de manutenção no momento da realização de uma intervenção planejada (ou não planejada), no que diz respeito ao tempo de atendimento, aos aspectos de saúde e segurança do trabalho etc.

d) Entendemos que existe o cumprimento da função e do fluxo do planejamento da manutenção?

Comentário:
É muito comum se encontrar nas empresas, os responsáveis pela área de planejamento da manutenção, realizando suas tarefas de "*planejamento*" para um curto espaço de tempo, ou seja, para 15 dias, caracterizando com isto, uma atividade de "*programação*".

O cumprimento da "*Função Planejamento*" deve garantir que as seguintes condições abaixo sejam realizadas:

- Atividades independentes das oficinas de manutenção.
- Focar no trabalho no "*futuro*", ou seja, em torno de 60 a 90 dias.
- Garantir o cadastro dos ativos pelo componente.

- As estimativas de tempo e recursos devem estar baseadas na experiência do planejador.
- O planejador deve possuir um conhecimento profundo das habilidades dos colaboradores especialistas.
- Medir a eficácia do planejamento através da amostragem dos serviços.

e) Os planos de manutenção estão atualizados e seguem uma política bem definida de atuação (estratégia)?

Comentário:
Análise técnica da qualidade dos planos de manutenção atuais, quando comparados com a realidade dos ativos instalados.

Entende-se que os planos de manutenção foram elaborados através de uma estratégia bem definida e estão atualizados, refletindo realmente o cenário da vida dos ativos que se encontram em operação em campo.

Reforça a oportunidade e importância de se garantir a base de dados atualizada, contribuindo diretamente com a eficácia de atuação dos técnicos de manutenção em campo.

f) Possuímos uma metodologia implantada para a medição contínua da produtividade pessoal da nossa equipe de manutenção?

Comentário:
A importância do conhecimento da produtividade da equipe de manutenção, para que se possa identificar quais são os fatores responsáveis que distanciam os técnicos de manutenção de realizarem mais tarefas, ou seja, quais são as principais interferências nos trabalhos diários de campo.

Medindo a produtividade da equipe de manutenção periodicamente, pode-se acompanhar as melhorias dos processos de trabalho das diversas áreas relacionadas com as atividades de campo da manutenção, ou seja, o planejamento, a programação, a supervisão, o almoxarifado, a área de compras, o recursos humanos etc.

g) Os indicadores de desempenho representam a realidade dos resultados da manutenção?

Comentário:
Pelo fato dos indicadores representarem o passado daquilo que estão medindo, é muito importante o entendimento de todos os parâmetros na medição.

O que está sendo medido deve refletir a realidade daquilo que estamos buscando como um indicador de controle periódico.

É muito comum se encontrar uma grande quantidade de indicadores de desempenho calculados, sem nenhuma consistência e em alguns momentos até calculados errados, como por exemplo, o indicador do "*Backlog*".

Este indicador de "*Backlog*" representa a quantidade de tempo que uma equipe de manutenção ainda tem de trabalho, se nenhuma atividade nova for gerada a partir do momento do cálculo.

Este indicador é formato pelos seguinte parâmetros:

- **Numerador**: é a somatória de todos os tempos (homem-hora) envolvidos nas ordens de serviço:
    - Planejadas
    - Programadas
    - Em execução
    - Pendentes
    - Adiadas

- **Denominador**: é a quantidade de homem-hora (por especialidade) disponível para a realização dos serviços.

Ou seja, é a comparação entre a demanda de serviço conhecida e aprovada para a realização e a capacidade de atendimento da oficina de manutenção.

O que ocorre é que tanto no "*numerador*", quanto no "*denominador*" existem falhas no cálculo, pois pelo fato das ordens de serviço não contemplarem "***todos***" os tempos nas quais os técnicos estão envolvidos em um serviço de manutenção, a somatória no " *numerador*" é sempre "***menor***" do que a realidade dos serviços necessários e pelo fato do não conhecimento do índice da produtividade da manutenção, a quantidade de homem-hora disponível para a realização dos serviços necessários, sempre é considerada "***maior***" do que a realidade e capacidade de atendimento, fazendo com que a somatória no "*denominador*" também não seja assertiva quanto a realidade da oficina de manutenção.

Portanto, conforme o exemplo acima, quando for definido um indicador de desempenho para ser calculado na representação do resultado de um grupo de atividades, seus parâmetros devem ser tratados com segurança e assertividade, para que o produto final seja gerenciado com confiabilidade.

h) Temos consciência que não necessitamos melhorar o padrão de contratação dos serviços de terceiros?

Comentário:
Este tema é de vital importância para efeito do resultado da manutenção e da gestão dos custos envolvidos.

Gasta-se uma grande energia e uma grande quantidade de tempo na fase de contratação, ou seja, desde a concorrência, jurídico, homologação, contrato, mas por outro lado, após este período de contratação, quando a empresa contratada já está operando em campo, há um relaxamento natural no acompanhamento e gestão dos serviços, tornando com isto uma relação interna dificultosa, o que torna este processo de contratação fragilizado.

Esta falta de controle, acompanhamento e gestão dos serviços de terceiros faz com que o tratamento que é exigido da equipe própria não seja extensivo à equipe contratada, criando um ambiente de trabalho de difícil integração.

Da mesma maneira que já informado no tópico acima sobre os indicadores de desempenho, os resultados apresentados pelas empresas contratadas também devem ser acompanhados e geridos de uma maneira competente, e lembrando sempre que estes mesmos resultados também refletem o passado dos serviços realizados, sendo possível somente uma ação de melhoria (quando necessário) para que os resultados do próximo período seja melhor.

i) Possuímos uma metodologia padronizada para a avaliação periódica das práticas da manutenção (auditoria)?

Comentário:
A importância de utilizarmos uma metodologia padronizada de avaliação das práticas da manutenção, no sentido de prover informações constantes

das melhorias necessárias, para manter os resultados alinhados com os objetivos da empresa.

A metodologia de avaliação deve gerar um resultado quantitativo, para que a empresa possa seguir a evolução das melhorias periodicamente.

A avaliação deve ser realizada por profissionais qualificados para esta função, pois o resultado obtido, após cada etapa de avaliação, deve refletir a realidade das práticas da manutenção, com assertividade nas análises realizadas em campo.

j) Os fluxos dos processos de manutenção existem e estão atualizados de acordo com as práticas atuais?

Comentário:
Os fluxos dos processos de manutenção devem estar alinhados com todas as práticas realizadas no dia a dia e possuem como principal função prover a informação da relação entre as atividades de manutenção, seja entre as especialidades técnicas, ou também entre os diversos departamentos e gerências da empresa.

O fluxo deve ser desenhado na condição de propiciar um completo entendimento da relação entre as diversas funções e garantir que qualquer oportunidade de mudança ou melhoria possa ser representada no seu conteúdo.

k) Nossos técnicos de manutenção sempre consultam o histórico dos ativos antes da realização de uma atividade de campo?

Comentário:
Conforme já explorado anteriormente, o registro dos serviços realizados pelos técnicos de campo, com qualidade, na representação correta e assertiva das suas tarefas realizadas, dos recursos utilizados e de todas as observações importantes geradas durante a realização das atividades, é de fundamental importância para que os planos de manutenção possam ser atualizados constantemente, tornando as ações de campo mais confiáveis e com resultados cada vez melhores.

O que ocorre é que pelo fato de não haver o entendimento da importância da garantir de um histórico de eventos no banco de dados de cada ativo instalado, o técnico inicia a realização de uma atividade de campo, sem nenhuma informação sobre o histórico do ativo e, portanto, perde a grande oportunidade de realizar um serviço de campo com um pouco mais de informação e domínio sobre o ativo o qual está dedicando parte do seu tempo no cumprimento dos serviços determinados pela área de Planejamento da Manutenção.

Este tipo de consulta estratégica no histórico técnico dos ativos deve ser uma rotina, independente do tipo de intervenção da manutenção em campo.

l) O supervisor não necessita se preocupar com os materiais sobressalentes quando estiver programando e distribuindo os serviços da manutenção?

Comentário:
Toda vez que o supervisor estiver empenhado na procura por materiais sobressalentes, em função de uma deficiência no cumprimento da função planejamento da manutenção, o cumprimento da função supervisão fica prejudicado, ou seja, não utiliza seu precioso tempo no acompanhamento e suporte técnico estratégico durante a realização das tarefas de manutenção por suas equipes de campo.

Estas equipes quando mal assistidas não conseguem entregar o melhor resultado do seu trabalho e, por consequência, os ativos apresentam baixa confiabilidade, pois os serviços realizados não seguem um padrão de trabalho orientado por um profissional mais experiente na função de supervisor.

O supervisor deve garantir que o material sobressalente seja aplicado corretamente durante uma atividade de manutenção e não utilizar seu tempo na procura pelos materiais.

m) Os colaboradores da manutenção entendem completamente o significado dos indicadores que estão sendo divulgados nos quadros de gestão à vista?

Comentário:
A manutenção, como também as outras áreas da empresa, é medida e cobrada diariamente por resultados e, para isto, existem os indicadores de desempenho que, quando calculados, demonstram os resultados de cada área, dependendo do que está sendo medido.

O que ocorre é que, em função de um desvio de entendimento do real propósito, os indicadores de desempenho são calculados e expostos através de tabelas ou gráficos, mas sem a preocupação da integração dos colaboradores de manutenção quanto ao seu entendimento.

Por outro lado, os indicadores de desempenho calculados é o reflexo e resultado direto das ações realizadas pelos técnicos de campo e, desta maneira, deveria interessar a estes mesmos técnicos o entendimento sobre seus resultados.

Mas, por uma questão de cultura instalada, normalmente os técnicos estão mais interessados nos aspectos dos serviços que realizam, do que dos resultados que geram através destes serviços de campo.

A área de engenharia e planejamento de manutenção da empresa deve instruir os técnicos sobre qualquer resultado, através dos indicadores de desempenho, divulgados periodicamente e tornar este entendimento um fator motivacional para que melhores resultados possam ser alcançados.

Entendendo que os indicadores de desempenho que devem fazer parte do entendimento dos técnicos de campo devem possuir um caráter operacional, ou seja, apenas os indicadores que estejam diretamente relacionados com as atividades realizadas pelos técnicos de campo diariamente.

Capítulo 7
Como não tornar a Falha uma "Opção"?

"A melhor maneira de não tratarmos a falha como uma opção e eliminarmos a probabilidade da ocorrência em qualquer condição ou circunstância."

Questão:
"Possuímos uma dinâmica ou método de trabalho na qual possamos garantir a não ocorrência de falha funcional de um ativo?"

Um evento de falha representa diretamente o "Padrão de Confiabilidade" de um sistema eletromecânico, interferindo na resposta da manutenção ao processo produtivo.

A importância de cumprir um padrão de trabalho para que se possa garantir que a "Falha não venha a ser uma Opção".

7.1) Os 10 fatores que levam à ocorrência das "*Falhas*": (e ao consequente aumento dos "*custos*" da manutenção)

a.1) Manutenção entendida como "***Reação***", com o foco centrado no atendimento às ocorrências diárias de campo.

a.2) Falta de entendimento do "valor agregado" da "***Informação***", pois quando são gerados os registros, eles se apresentam com pouca qualidade e confiabilidade. Os ativos estão a todo momento apresentando suas condições de trabalho, seus sintomas e suas limitações, mas nem sempre esta realidade é utilizada em benefício próprio para melhorar a dinâmica do atendimento da manutenção.

a.3) Realização de muitas atividades "***desnecessárias***", sem um padrão de atendimento e uma correta estratégia de manutenção definidos, apresentando uma deficiência no cumprimento da "***função planejamento***".

a.4) Colaboradores entendendo que o "***resultado***" da manutenção são os ativos "***consertados***", deixando de pensar no futuro e no que realmente gera valor para as práticas da manutenção.

a.5) Fraca gestão dos "***materiais***" sobressalentes, desde a especificação técnica até o acompanhamento de suprimentos e as condições de armazenagem.

a.6) Falta de um padrão uniforme na gestão dos "***terceiros***", na determinação de indicadores de desempenho como fatores de remuneração variável.

a.7) Falta de sensibilidade e visibilidade no impacto direto nos "***custos***" da manutenção, tornando o trabalho focado apenas na rotina diária, onde se percebe somente as ocorrências e suas soluções reativas, sem a preocupação com a sustentabilidade dos processos de trabalho.

a.8) Equipe "***operacional***" não participativa nas práticas de manutenção, evitando que se possa criar uma cultura de resultado global sobre os ativos e o comprometimento de todos na melhor utilização dos ativos.

a.9) Não participação da manutenção na fase de concepção de novos "***projetos***", fazendo com que não se aproveite toda a experiência adquirida ao longo dos anos, através dos serviços realizados pela manutenção.

a.10) Falta de "***métricas***" (indicadores KPI's) bem definidos e consistentes, representando a real condução das práticas de manutenção sem um rumo orientado às necessidades da empresa.

7.2) Os 10 erros na condução de um processo de Análise de Falha

a.1) **Erro**: é comum quando um ativo é afetado, não serem registradas "***todas***" as informações necessárias.

> **Antídoto**: registrar o componente que foi danificado e "***todas***" as informações possíveis.

a.2) **Erro**: é comum os "***disparos***" não serem baseados em objetivos financeiros.

Antídoto: definir os "***disparos***" para cada linha de processo em termos dos custos associados.

a.3) **Erro**: é comum quando os "***disparos***" são evitados, nem todos os eventos são "***analisados***" efetivamente.

Antídoto: aumentar a quantidade de colaboradores na análise ou definir os "***disparos***" corretamente.

a.4) **Erro**: é comum a análise da causa raiz não ser realizada, porque acredita-se que a causa raiz já é " ***conhecida***".

Antídoto: executar a metodologia de análise de causa raiz para os problemas identificados, sem ações " ***excepcionais***".

a.5) **Erro**: é comum a "***estratégia***" da manutenção não ser avaliada.es erradas?s tomam decis decisoes feito:ealizar uma anpcao nas an estes materiaisase de planejamento o tempo total necesscustos

Antídoto: para todos os eventos "***críticos***", revisar a estratégia da manutenção.

a.6) **Erro**: é comum as causas raízes "***latentes***" não serem identificadas.

Antídoto: concluir a análise de falha somente quando as causas raízes "***latentes***" já estiverem sido identificadas.

a.7) **Erro**: é comum os resultados da análise não serem "***compartilhados***" com outras áreas e/ou empresas.

Antídoto: "***compartilhar***" os resultados da análise de falha com os gerentes de áreas e/ou empresas similares.

a.8) **Erro**: é comum o "***cumprimento***" de todas as ações não ser garantido e atendido conforme planejado e programado.

Antídoto: avaliar se as ações são executadas apropriadamente e no "***tempo***" determinado.

a.9) **Erro**: é comum a "***eficácia***" da análise da causa raiz não ser medida.

Antídoto: pelo menos para as falhas "***repetitivas***", medir a eficácia da análise da causa raiz.

a.10) **Erro**: é comum quando a análise da causa raiz se torna um "***sucesso***", a equipe responsável pela análise não ser recompensada.

Antídoto: criar uma política de "***recompensa***" para as economias demonstradas e evidenciadas.

7.3) Os 10 elementos fundamentais para um esforço contínuo de análise de causa raiz

a.1) **Estabelecer o suporte gerencial:**

- Estabelecer uma "*política*" de análise de falha.
- Estabelecer um "*procedimento*" de análise de falha.
- Fornecer "*incentivos*" pessoais vinculados aos resultados evidenciados obtidos com as análises.
- Fornecer os "*recursos*" necessários para as ações de melhoria.

a.2) **Treinar os analistas e colaboradores qualificados:**

- "*Treinar*" os líderes e os participantes dos grupos de trabalho.
- Focar nos colaboradores que estejam mais próximos das "*possibilidades*" de falhas.
- Evitar focar somente nas equipes de "*engenharia*".

a.3) **Determinar quando aplicar a análise de falha:**

- Utilizar a matriz de decisão (*disparo*), e focar:
    - Nas "*ocorrências*" não previstas no monitoramento contínuo.
    - Nas falhas que geram "*danos*" para a propriedade.
    - Nos eventos que levam a "*perda*" da produção.
    - Nas ocorrências que geram "*incidentes*" de segurança do trabalho e "*qualidade*" do produto final.

a.4) **Definir corretamente o ativo:**

- Focar na "*consequência*" da falha.
- Muitos pensam que a análise de falha investiga os incidentes, mas o que realmente é investigado são as "*consequências*" negativas atribuídas às falhas ocorridas.
- Por exemplo, se uma bomba centrífuga "*falha*" (sem nenhuma reserva), muitos consideram que este fato é base para a análise.
- Entretanto, quanto analisamos mais de perto, entendemos que não estamos "*analisando*" a bomba centrífuga porque a mesma falhou e, sim, pelo fato da interrupção do processo produtivo como um resultado (*consequência*).
- Pensando neste aspecto, se não houver nenhuma "*consequência negativa*" para uma falha, realisticamente iremos realizar uma análise de falha nestas condições?

a.5) **Utilizar a metodologia de causa x efeito:**

- Aplicar os fatores "*técnicos*" relacionados com a falha.
- Garantir a "*evidência*" objetiva em campo.
- Implantar o tratamento "*profissional*".

a.6) **Coletar as evidências:**

- Suportar as "*hipóteses*".
- "*Registrar*" os eventos ocorridos.
- "*Garantir*" a verdadeira análise de causa raiz.
- Focar a análise da causa raiz baseada em "*evidências*" sólidas.

a.7) **Estudar o entendimento das decisões erradas:**

- Por que boas pessoas tomam decisões "*erradas*"?
    - Circunstâncias que levam a decisões erradas (exemplos):
        - Falta de "*capacitação*" para interpretar as informações.
        - Vicio pelo "*paradigma*" do conceito já instalado.
        - Falta de entendimento que os ativos são "*diferentes*".
        - "*Relação*" entre a razão e a emoção.
        - Falta de visão do "*valor*" agregado.
        - "*Pressão*" excessiva e não real da chefia.

- Executar as ações de "*correção*".
- Entender as "*circunstâncias*" que forçam as pessoas a tomar certas decisões.
- Evitar a baixa "*qualidade*" da informação recebida.

a.8) **Determinar o retorno do investimento (ROI):**

- Demonstrar os resultados "*financeiros*".
- Entender que todas as ações envolvem "*investimentos*"
- Garantir a base para a "*continuidade*" dos esforços de melhoria contínua.

a.9) **Medir a eficácia da análise da causa raiz:**

- Validar os "*resultados*" da análise da causa raiz.
- "*Alinhar*" com os indicadores de desempenho (KPI) da empresa.
- Criar uma política de "*recompensa*" relacionada com as economias geradas.

a.10) **Criar um banco de dados de conhecimento:**

- Compilar as lições aprendidas (curva de "*aprendizagem*").
- Criar a "*memória*" corporativa.
- "*Compartilhar*" os resultados.
- Implantar as ações para o ganho no "*futuro*".

7.4) Os 8 motivos que podem retratar o tratamento da falha como uma opção

a.1) O "*histórico*" das ocorrências corretivas não planejadas.

a.2) A porcentagem (%) de manutenção corretiva (reativa) não planejada *"> 5%"*.

a.3) A existência de uma "*meta*" para a análise de falha.

a.4) Uma "*cultura*" de corretiva (reativa) como parte do trabalho.

a.5) As paradas corretivas como um "*paradigma*" na empresa.

a.6) A existência de uma equipe exclusiva para a "*corretiva*".

a.7) A existência de uma ordem de serviço de "*corretiva*" no campo para as urgências do dia a dia.

a.8) A estratégia de uma "*contingência*" instalada para se estar "*preparado*" quando ocorrer uma falha.

7.5) Os principais motivos que levam um ativo a falhar

Questão:
"Nossa equipe entende por que os ativos falham? E quais são os motivos que levam os ativos a falhar?"

a) Causa Raiz: *"Não cumprimento da Função Planejamento".*

Um dos motivos que leva um ativo a falhar é porque as atividades de manutenção são realizadas sem o acompanhamento assistido pela Supervisão da Manutenção, ou seja, os serviços de manutenção são realizados com baixa qualidade.

O que ocorre é que muitas vezes a Supervisão da Manutenção está dedicando boa parte do seu tempo útil na empresa, na busca de recursos (materiais, ferramentas, dispositivos, documentos, etc.) para que as atividades de manutenção possam ser realizadas pela sua equipe.

Com esta dedicação de tempo providenciando os recursos necessários, faz com que a Supervisão da Manutenção não consiga tempo suficiente para acompanhar as atividades de manutenção, gerando em campo uma equipe pouco assistida, apresentando resultados muitas vezes pouco satisfatórios.

Com pouco tempo útil, faz com que a Supervisão da Manutenção também não tenha muito tempo para instruir toda a equipe de campo, pois grande parte dos serviços necessários geram dúvidas e necessidade de esclarecimento. Com pouco esclarecimento, os técnicos de campo realizam suas atividades da maneira que estão habituados e muitas vezes não geram os resultados esperados pela empresa.

Tanto a falta de todos os recursos devidamente provisionados, quanto as dúvidas geradas pela equipe técnica de campo, são geradas pela falta do cumprimento da "Função Planejamento", pois é de responsabilidade da área de Planejamento da Manutenção a provisão total dos recursos envolvidos nas atividades que estão sendo planejadas e também a geração de Planos de Manutenção atualizados e no nível de detalhe, o qual todos os técnicos possam entender completamente, necessitando assim, cada vez menos da assistência da Supervisão da Manutenção na consulta diária sobre as atividades determinadas.

O que ocorre é que muitas vezes o Planejamento da Manutenção está utilizando uma parte do seu tempo na análise de todas as solicitações de serviço (SS), que são geradas diariamente pelas diversas áreas da empresa, ou seja, pela operação, pela segurança do trabalho, pelo meio ambiente, pela inspeção técnica eletromecânica, pelas análises preditivas etc.

Este tempo dedicado a analisar a necessidade e a viabilidade dos serviços solicitados faz com que a área de Planejamento da Manutenção não possa utilizar mais tempo para cumprir a "Função Planejamento", pois se está definindo o que vai ou não ser planejado, perde um precioso tempo que deveria estar sendo dedicado ao planejamento.

Portanto, com menos tempo para planejar, os recursos não são provisionados na sua totalidade, sobrecarregando a Supervisão da Manutenção e mantendo os planos de manutenção desatualizados, tornando as atividades de campo menos assistidas, gerando uma grande possibilidade de levar os ativos ao estado de falha funcional.

Fluxo resumido:

a) Serviço de manutenção realizado com pouca qualidade.
b) Técnicos de campo pouco assistidos.
c) Supervisão de Manutenção provisionando recursos.
d) Planejamento da Manutenção sobrecarregado com o excesso de solicitação de serviços (SS), não provisionando todos os recursos necessários.

b) Causa: *"Não cumprimento da Função Gatekeeper".*

Um dos motivos que leva um ativo a falhar é porque as atividades de manutenção são realizadas sem o acompanhamento assistido pela Supervisão da Manutenção, ou seja, os serviços de manutenção são realizados com baixa qualidade.

O que ocorre é que muitas vezes a Supervisão da Manutenção está dedicando boa parte do seu tempo útil na empresa, na busca de recursos (materiais, ferramentas, dispositivos, documentos, etc.) para que as atividades de manutenção possam ser realizadas pela sua equipe.

Com esta dedicação de tempo providenciando os recursos necessários, faz com que a Supervisão da Manutenção não consiga tempo suficiente para acompanhar as atividades de manutenção, gerando em campo uma equipe pouco assistida, apresentando resultados muitas vezes pouco satisfatórios.

Com pouco tempo útil faz com que a Supervisão da Manutenção também não tenha muito tempo para instruir toda a equipe de campo, pois grande parte dos serviços necessários geram dúvidas e necessidade de esclarecimento. Com pouco esclarecimento, os técnicos de campo realizam suas atividades da maneira que estão habituados e muitas vezes não geram os resultados esperados pela empresa.

Tanto a falta de todos os recursos devidamente provisionados, quanto as dúvidas geradas pela equipe técnica de campo, são geradas pela falta do cumprimento da "Função Planejamento", pois é de responsabilidade da área de Planejamento da Manutenção a provisão total dos recursos envolvidos nas atividades que estão sendo planejadas e também a geração de Planos de Manutenção atualizados e no nível de detalhe, o qual todos os técnicos possam entender completamente, necessitando assim, cada vez menos da assistência da Supervisão da Manutenção na consulta diária sobre as atividades determinadas.

O que ocorre é que muitas vezes o Planejamento da Manutenção está utilizando uma parte do seu tempo na análise de todas as solicitações de serviço (SS), que são geradas diariamente pelas diversas áreas da empresa, ou seja, pela operação, pela segurança do trabalho, pelo meio ambiente, pela inspeção técnica eletromecânica, pelas análises preditivas etc.

Este tempo dedicado a analisar a necessidade e a viabilidade dos serviços solicitados faz com que a área de Planejamento da Manutenção não possa utilizar mais tempo para cumprir a "Função Planejamento", pois se está definindo o que vai ou não ser planejado, perde um precioso tempo na qual deveria estar sendo dedicado ao planejamento.

Portanto, com menos tempo para planejar, os recursos não são provisionados na sua totalidade, sobrecarregando a Supervisão da Manutenção e mantendo os planos de manutenção desatualizados, tornando as atividades de campo menos assistidas, gerando uma grande possibilidade de levar os ativos ao estado de falha funcional.

A sobrecarga gerada na área do planejamento da manutenção ocorre pela falta do cumprimento da "Função do Gatekeeper (*)", que é o recurso utilizado para realizar a triagem de todas as solicitações de serviço geradas pelas diversas áreas da empresa.

Fluxo resumido:

a) Serviço de manutenção realizado com pouca qualidade.
b) Técnicos de campo pouco assistidos.
c) Supervisão de Manutenção provisionando recursos.
d) Planejamento da Manutenção sobrecarregado com o excesso de solicitação de serviços (SS), não provisionando todos os recursos necessários.
e) A função "Gatekeeper" não sendo realizada.

***(*) Gatekeeper**: "Guardião do Portão", ou seja, é a função de "proteger" a área de planejamento da manutenção na análise pontual de todas as solicitações de serviço (SS), realizando o filtro, na viabilidade de enviar para a área de planejamento da manutenção somente as solicitações aprovadas para serem realizadas.*

c) Causa: *"Solicitação de Serviço de Manutenção (SSM) sem um critério correto de priorização".*

Um dos motivos que levam um ativo a falhar é porque as atividades de manutenção são realizadas sem o acompanhamento assistido pela Supervisão da Manutenção, ou seja, os serviços de manutenção são realizados com baixa qualidade.

O que ocorre é que muitas vezes a Supervisão da Manutenção está dedicando boa parte do seu tempo útil na empresa, na busca de recursos (materiais, ferramentas, dispositivos, documentos, etc.) para que as atividades de manutenção possam ser realizadas pela sua equipe.

Com esta dedicação de tempo providenciando os recursos necessários, faz com que a Supervisão da Manutenção não consiga tempo suficiente para acompanhar as atividades de manutenção, gerando em campo uma equipe pouco assistida, apresentando resultados muitas vezes pouco satisfatórios.

Com pouco tempo útil faz com que a Supervisão da Manutenção também não tenha muito tempo para instruir toda a equipe de campo, pois grande parte dos serviços necessários geram dúvidas e necessidade de esclarecimento. Com pouco esclarecimento, os técnicos de campo realizam suas atividades da maneira que estão habituados e muitas vezes não geram os resultados esperados pela empresa.

Tanto a falta de todos os recursos devidamente provisionados, quanto as dúvidas geradas pela equipe técnica de campo são geradas pela falta do cumprimento da "Função Planejamento", pois é de responsabilidade da área de Planejamento da Manutenção o fornecimento total dos recursos envolvidos nas atividades que estão sendo planejadas e também a geração de Planos de Manutenção atualizados e no nível de detalhe, na qual todos os técnicos possam entender completamente, necessitando assim, cada vez menos da assistência da Supervisão da Manutenção na consulta diária sobre as atividades determinadas.

O que ocorre é que muitas vezes o Planejamento da Manutenção está utilizando uma parte do seu tempo na análise de todas as solicitações de serviço (SS), que são geradas diariamente pelas diversas áreas da empresa, ou seja, pela operação, pela segurança do trabalho, pelo meio ambiente, pela inspeção técnica eletromecânica, pelas análises preditivas etc.

Este tempo dedicado a analisar a necessidade e a viabilidade dos serviços solicitados faz com que a área de Planejamento da Manutenção não possa utilizar mais tempo para cumprir a "Função Planejamento", pois se está definindo o que vai ou não ser planejado, perde-se um precioso tempo que deveria estar sendo dedicado ao planejamento.

Portanto, com menos tempo para planejar, os recursos não são provisionados na sua totalidade, sobrecarregando a Supervisão da Manutenção e mantendo os planos de manutenção desatualizados, tornando as atividades de campo menos assistidas, gerando uma grande possibilidade de levar os ativos ao estado de falha funcional.

A sobrecarga gerada na área do planejamento da manutenção ocorre pela falta do cumprimento da "Função do Gatekeeper", que é o recurso utilizado para realizar a triagem de todas as solicitações de serviço geradas pelas diversas áreas da empresa.

Somado a esta falta da triagem das solicitações, uma outra situação que ocorre com certa frequência é a geração distorcida, principalmente por parte da operação, de solicitações "*Urgentes*", ou seja, independente da necessidade imediata ou não do serviço, os solicitantes têm como hábito valorizar suas necessidades.

Fica evidente o entendimento da geração de um ciclo vicioso, no qual o excesso de solicitações de serviços (SS) urgentes, sem um critério correto e real, faz com que o planejamento da manutenção tenha uma sobrecarga de trabalho, tornando seu trabalho improdutivo, pois utiliza menos tempo para planejar, gerando um desvio de função do Supervisor de Manutenção, proporcionando técnicos de campo menos assistidos, gerando serviços realizados em campo com baixa qualidade, com grande oportunidade de geração de falha nos ativos.

Fluxo resumido:

a) Serviço de manutenção realizado com pouca qualidade.
b) Técnicos de campo pouco assistidos.
c) Supervisão de Manutenção provisionando recursos.
d) Planejamento da Manutenção sobrecarregado com o excesso de solicitação de serviços (SS), não provisionando todos os recursos necessários.
e) A função "Gatekeeper" não sendo realizada.
f) Geração de serviço sem um critério correto de priorização.

d) Causa: "Baixa qualidade no registro das atividades realizadas em campo".

Um dos motivos que leva um ativo a falhar é porque as atividades de manutenção são realizadas sem o acompanhamento assistido pela Supervisão da Manutenção, ou seja, os serviços de manutenção são realizados com baixa qualidade.

O que ocorre é que muitas vezes a Supervisão da Manutenção está dedicando boa parte do seu tempo útil na empresa, na busca de recursos (materiais, ferramentas, dispositivos, documentos, etc.) para que as atividades de manutenção possam ser realizadas pela sua equipe.

Com esta dedicação de tempo providenciando os recursos necessários, faz com que a Supervisão da Manutenção não consiga tempo suficiente para acompanhar as atividades de manutenção, gerando em campo uma equipe pouco assistida, apresentando resultados muitas vezes pouco satisfatórios.

Com pouco tempo útil faz com que a Supervisão da Manutenção também não tenha muito tempo para instruir toda a equipe de campo, pois grande parte dos serviços necessários geram dúvidas e necessidade de esclarecimento. Com pouco esclarecimento, os técnicos de campo realizam suas atividades da maneira que estão habituados e muitas vezes não geram os resultados esperados pela empresa.

Tanto a falta de todos os recursos devidamente provisionados, quanto as dúvidas geradas pela equipe técnica de campo, são geradas pela falta do cumprimento da "Função Planejamento", pois é de responsabilidade da área de Planejamento da Manutenção o fornecimento total dos recursos envolvidos nas atividades que estão sendo planejadas, e também a geração de Planos de Manutenção atualizados e no nível de detalhe, na qual todos os técnicos possam entender completamente, necessitando assim, cada vez menos da assistência da Supervisão da Manutenção na consulta diária sobre as atividades determinadas.

O que ocorre é que muitas vezes o Planejamento da Manutenção está utilizando uma parte do seu tempo na análise de todas as solicitações de serviço (SS), que são geradas diariamente pelas diversas áreas da empresa, ou seja, pela operação, pela segurança do trabalho, pelo meio ambiente, pela inspeção técnica eletromecânica, pelas análises preditivas, etc.

Este tempo dedicado a analisar a necessidade e a viabilidade dos serviços solicitados, faz com que a área de Planejamento da Manutenção não possa utilizar mais tempo para cumprir a "Função Planejamento", pois se está definindo o que vai ou não ser planejado, perde um precioso tempo que deveria estar sendo dedicado ao planejamento.

Portanto, com menos tempo para planejar, os recursos não são provisionados na sua totalidade, sobrecarregando a Supervisão da Manutenção, e mantendo os planos de manutenção desatualizados, tornando as atividades de campo menos assistidas, gerando uma grande possibilidade de levar os ativos ao estado de falha funcional.

A sobrecarga gerada na área do planejamento da manutenção ocorre pela falta do cumprimento da "Função do Gatekeeper (*)", que é o recurso utilizado para realizar a triagem de todas as solicitações de serviço geradas pelas diversas áreas da empresa.

Somado a esta falta da triagem das solicitações, uma outra situação que ocorre com certa frequência é a geração distorcida, principalmente por parte da operação, de solicitações "*Urgentes*", ou seja, independente da necessidade imediata ou não do serviço, os solicitantes têm como hábito valorizar suas necessidades.

Fica evidente o entendimento da geração de um ciclo vicioso, no qual o excesso de solicitações de serviços (SS) urgentes, sem um critério correto e real, faz com que o planejamento da manutenção tenha uma sobrecarga de trabalho, tornando seu trabalho improdutivo, pois utiliza menos tempo para planejar, gerando um desvio de função do Supervisor de Manutenção, proporcionando técnicos de campo menos assistidos, gerando serviços realizados em campo com baixa qualidade, com grande oportunidade de geração de falha nos ativos.

Fluxo resumido:

a) Serviço de manutenção realizado com pouca qualidade de informação reportada.

b) Registro dos serviços "parcialmente" registrados nas ordens de serviço.

c) Técnicos de campo pouco assistidos.

d) Supervisão de Manutenção provisionando recursos.

e) Planejamento da Manutenção sobrecarregado com o excesso de solicitação de serviços (SS), não provisionando todos os recursos necessários.

f) A função "Gatekeeper" não sendo realizada.

Conclusão

A metodologia de análise de falha deve ser aplicada e entendida como sendo uma das principais técnicas que contribuem com a base de toda gestão do conhecimento, quando estamos tratando das práticas de manutenção dos ativos dentro das organizações.

Portanto, quando utilizada, sempre que for necessário, com determinação, seriedade, profundidade e disciplina, os resultados estarão sendo refletidos diretamente no desempenho dos processos produtivos, contribuindo para atingir uma produção com qualidade, na quantidade programada, no atendimento às necessidades e exigências dos clientes, com economia, controle e uma operação eficiente, no alinhamento com os requisitos ambientais, na garantia da integridade estrutural das instalações e na ótima aparência física dos ativos.

Este processo de análise de falha é um ótimo caminho para que possamos registrar todos os principais eventos relacionados com os ativos, gerando um banco de dados histórico rico em informações para uma tomada de ação futura com mais confiabilidade, reduzindo os custos envolvidos com as intervenções, tornando as práticas de manutenção cada vez mais produtivas para a empresa.

Concluindo, esta técnica contribui para que possamos entender o real significado quando tentamos traduzir e representar as práticas de manutenção, relacionadas com o lucro da empresa.

Anexos

Anexo A
Procedimento Operacional da Manutenção – Metodologia de Análise de Falha – Causa-Raiz: (Conforme o "Anexo A")

Com o principal objetivo de garantir a fixação do entendimento sobre a metodologia da Análise de Falha, está sendo apresentado neste anexo um procedimento operacional completo, o qual, apresenta uma sequência simples e estruturada, através de documentos fáceis de preencher, garantindo a qualidade do estudo e das informações compartilhadas durante as análises de campo.

Anexo B
Tabelas de Códigos de Falhas: (Conforme o "Anexo B")

Este anexo está apresentando os 3 (três) grupos distintos dos "*Efeitos*", das "*Causas*" e das "*Ações*", que são:

- b.1) Códigos relacionados com as atividades da especialidade de **Mecânica**.

- b.2) Códigos relacionados com as atividades da especialidade de **Elétrica**.

- b.3) Códigos relacionados com as atividades da especialidade de **Instrumentação**.

Anexo A

Procedimento Operacional da Manutenção – Metodologia de Análise de Falha – Causa-Raiz

1. Objetivo

Desenvolver uma metodologia para identificação da ***causa raiz das falhas funcionais*** nos ativos.

2. Definições

- *Falha* - Cessação da função requerida de um item ou a incapacidade de satisfazer a um padrão de desempenho definido.

- *Falha Potencial* - Perda parcial da função estipulada para o ativo.

- *Falha Funcional* - Perda total da função estipulada para o ativo.

- *Sistema* - "*Coleção*" de ativos de uma planta, os quais são interdependentes de alguma forma.

PM : Planejamento da Manutenção
EX : Executante da Manutenção
GM : Gerência da Manutenção
SM : Supervisão da Manutenção
CM : Cliente da Manutenção
EM : Engenharia de Manutenção
GG : Gerência Geral
R : Responsável
E : Envolvido
I : Informado

3. Responsabilidades

3.1. Gerência da Manutenção

Garantir que o procedimento seja cumprido de acordo com a metodologia desenvolvida.

Análise crítica dos dados gerados objetivando oportunidades de melhorias.

3.2. Engenharia de Manutenção

Avaliar de forma sistêmica a aplicabilidade do procedimento.

3.3. Planejamento da Manutenção

Contribuir para a identificação da causa raiz que ocasionam as falhas. Atualizar os registros no histórico dos ativos.

Análise periódica dos registros de falhas para identificação de falhas crônicas e prioritárias.

3.4. Cliente da Manutenção

Receber e analisar as informações obtidas, através do relatório mensal.

3.5. Supervisão da Manutenção

Registrar e analisar as falhas funcionais para *identificação de sua causa raiz*, bem como o planejamento e execução das contramedidas para evitar sua reincidência.

3.6. Executante da Manutenção

Contribuir para a *identificação da causa raiz* nos processos de análise de falhas.

3.7. Contratos de Terceiros

Contribuir para a *identificação da causa raiz* nos processos de análise de falhas.

4. Documentos Complementares

Apenas os anexos deste procedimento.

5. Descrição das atividades

A atividade de análise de falha na identificação das causas raízes se inicia com a identificação dos responsáveis que estarão participando desta análise.

Com os responsáveis definidos, baseado no "*Fluxograma para Aplicação da Metodologia de Análise de* Falhas", conforme o *"**Anexo 1**"*, se elabora a *"Matriz de Responsabilidades x Atividades"*, conforme o *"**Anexo 2**"*, desta maneira todos os envolvidos poderão entender sua contribuição durante o período necessário para completar a análise.

Em função da análise estar diretamente associada a um evento ocorrido nos ativos participantes de um processo produtivo, é importante aplicar neste momento o princípio dos "***3 Gens***", ou seja:

- "***Genba***", que significa ir ao local do evento.
- "***Genbutso***", que significa observar todas as evidências e os ativos afetados.
- "***Gensho***", que significa entender o fenômeno.

Com todas as informações de campo coletadas, se pode iniciar a convocação dos responsáveis pela análise para o início do preenchimento do "**Formulário de Falha Funcional"**, conforme o *"**Anexo 3**"* abaixo.

- Anexo 03 (Formulário de Falha Funcional)

Para o preenchimento correto deste Formulário, se deve seguir a seguinte sequência:

- Preenchimento do cabeçalho deste documento, iniciando pela numeração no sentido de facilitar o controle de todas as análises realizadas, conforme o modelo do formulário de análise de falha apresentado abaixo:

JWB	ANÁLISE DE FALHAS			Reincidência ( ) Sim ( ) Não	Nº
Área	Processo	Equipamento	Conjunto		
Data último evento	Data de início	Data de encerramento	Início parada	Fim parada	Reparado por

- Em seguida é realizada a identificação se o evento a ser analisado é reincidente ou não, ou seja, se este evento já ocorreu em uma data anterior?

- Deve ser informada a área na qual o ativo em questão trabalha, o processo na qual este ativo está envolvido, o ativo propriamente dito, e o conjunto na qual ocorreu a falha funcional.

- Na sequência, se deve informar (caso exista) a data do último evento similar ao ocorrido, a data de início das atividades de reparo (correção da falha funcional), e a data de encerramento das atividades de reparo (reposição do ativo em serviço no atendimento ao processo produtivo).

- Por último, no preenchimento do cabeçalho, se deve informar o horário de início da atividade de reparo, o horário de término dos serviços e o colaborador responsável pelas atividades de reparo do ativo.

- Em seguida, se deve obter as informações gerais sobre o evento a ser analisado, através da participação de cada colaborador, de documentos relacionados ao ativo e fotos registradas durante a prática do "***Genbutso***" acima.

- Para este momento, deve ser utilizada a metodologia do "***Brainstorming***", que consiste no desenvolvimento livre de ideias, opiniões e sugestões sobre o ocorrido, na possibilidade também da utilização do histórico do ativo e de registros e relatórios em geral, como apoio direto ao estudo, conforme o modelo apresentado abaixo:

Descrição do Problema (Sintomas)
(Nome Equipamento, Histórico, o que ocorreu, desenhos, fotos...)

- Com todas as informações coletadas sobre o evento ocorrido, se deve estruturar estas informações no "***Diagrama de Causa x Efeito***" (também conhecido como Diagrama dos 6M's) (conforme o modelo do formulário de análise de falha apresentado abaixo), na qual é informado o "***Problema***" que está sendo analisado, que contém os grupos de:

Análise dos Sintomas (Critério 6M)

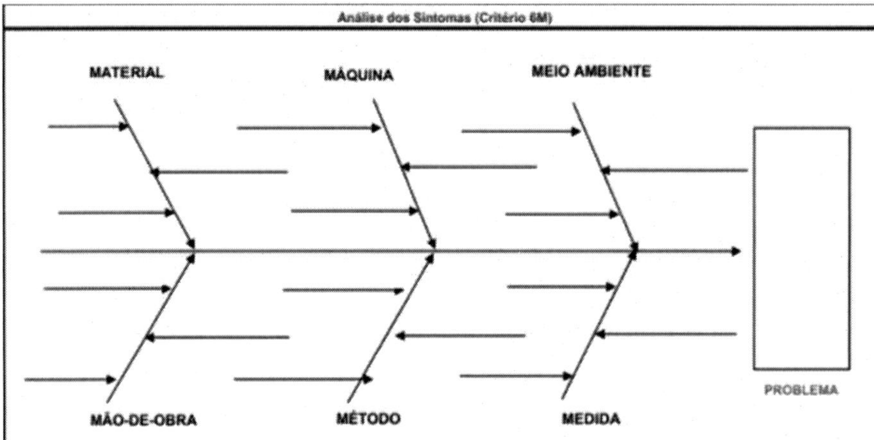

- **"Material",** representado pelos materiais e insumos utilizados pelo ativo, ou seja, as matérias-primas, fluídos, gases, vapores, cargas em geral, etc.

- **"Máquina",** representado pelo próprio ativo que está sendo analisado, seus conjuntos e componentes.

- **"Meio Ambiente",** representado por todos os aspectos ambientais relacionados com o local na qual este ativo está instalado, ou seja, as condições de temperatura, vento, iluminação, ruído, vibração, umidade, intempéries, etc.

- **"Mão de obra",** representado por todos os colaboradores que direta ou indiretamente estejam relacionados com o ativo em questão, seja na operação direta, ou na prestação de serviços vinculados a este ativo.

- **"Método",** representado pelos procedimentos padronizados e instruções de trabalho associados aos aspectos operacionais, de manutenção, de segurança e meio ambiente e de qualidade.

- **"Medida",** representado por todos os indicadores de desempenho do ativo, representando os resultados operacionais e de manutenção.

- Com o Diagrama de Causa x Efeito preenchido, se deve utilizar o formulário da **metodologia GUT** (Gravidade x Urgência x Tendência), conforme o "***Anexo 4***" abaixo.

Pelo fato de vários sintomas serem relacionados na elaboração do Diagrama de Causa x Efeito, é utilizada a metodologia GUT *(conforme o **Anexo 04** abaixo)* no sentido de se realizar uma priorização, e para que se possa identificar os 5 (cinco) principais sintomas, contribuindo diretamente para a continuidade deste procedimento análise da falha.

- Anexo 04 (Formulário GUT) (Gravidade x Urgência x Tendência)

Metodologia "GUT"

A metodologia "***GUT***" é uma ferramenta usada para definir prioridades dadas as diversas alternativas de ação. Sabemos que o tempo é um recurso escasso e que há inúmeras atividades a executar. Esta ferramenta responde racionalmente às questões:

- O que devemos fazer primeiro?
- Por onde devemos começar?

Para responder a tais questões acima a ferramenta ***GUT*** leva em consideração a: **Gravidade**, **Urgência** e a **Tendência** do fenômeno.

A estratégia da aplicação desta metodologia é **"Priorizar"**.

Nesta fase, os problemas serão classificados e hierarquizados conforme seu grau de importância.

Esta priorização será dada através do uso da **Matriz GUT**, em que serão avaliados a **Gravidade**, a **Urgência** e a **Tendência** de cada problema identificado por qualquer outro meio.

Por "**Gravidade"** devemos considerar a intensidade, profundidade dos danos que o problema pode causar se não se atuar sobre ele;

Por "**Urgência"** devemos considerar o tempo para a eclosão dos danos ou resultados indesejáveis se não se atuar sobre o problema;

Por "**Tendência"** devemos considerar o desenvolvimento que o problema terá na ausência de ação.

Qualquer pessoa não pode nunca fazer tudo aquilo que quer fazer. Portanto, ela deve escolher aquilo que pode fazer. Um meio é usando o método ***GUT***. Se não aplicar o método ***GUT*** ou outro semelhante essa pessoa será conduzida pelo turbilhão dos afazeres.

Há um ditado que deve ser lembrado: "Planeje a revisão do seu carro antes que ele o faça por você". Você sabe que seu carro mais dia menos dia vai parar e lhe trazer o incômodo de tal parada. Resta saber se ele vai parar quando você deseja e quer ou quando o carro "estabelecer".

Usar a ferramenta ***GUT*** obriga considerar cada problema sob o tríplice foco da sua gravidade, da sua urgência e da sua tendência.

GRAVIDADE:
Considerar a intensidade ou profundidade dos danos que o problema pode causar sobre coisas, pessoas, resultados, processos ou organizações e efeitos que surgirão a longo prazo, se não se atuar sobre ele. Tais danos podem ser avaliados quantitativa ou qualitativamente. Este grupo representa um nível de perda (financeiro, moral ou social).

Mas sempre serão indicados por uma escala que vai de 1 a 5:

1 – sem nenhuma gravidade.
2 – pouca gravidade.
3 – grave.
4 – muito grave.
5 – extremamente grave.

URGÊNCIA:
Considerar o tempo para a ocorrência de danos ou de resultados indesejáveis se não se atuar sobre o problema. Este grupo representa um nível de necessidade de fazer algo em um determinado período de tempo.

O período de tempo também é considerado numa escala de 1 a 5:

1 – não há pressa na sua realização (dois meses ou mais).
2 – pode esperar um pouco (um mês).
3 – prazo médio (uma quinzena).
4 – curto prazo, com alguma urgência (uma semana).
5 – necessário uma ação imediata (imediatamente).

TENDÊNCIA:
Considerar o desenvolvimento que o problema terá na ausência de ação. É o potencial de crescimento do problema, avaliação da tendência de crescimento, redução ou desaparecimento do problema. Este grupo representa a maneira de como as coisas irão se desenvolver caso não seja feito nada.

A tendência também é definida numa escala de 1 a 5:

1 – não vai piorar ou pode até melhorar.
2 – vai piorar a longo prazo (um mês).
3 – vai piorar a médio prazo (uma quinzena).
4 – vai piorar a curto prazo (uma semana).
5 – se nada for feito, o agravamento será imediato.

A pontuação de 1 a 5, para cada dimensão da **Matriz GUT**, permite classificar em ordem decrescente de pontos os problemas a serem atacados em melhorias de processo.

A técnica consiste em listar uma série de atividades a realizar e atribuir os graus quanto à gravidade, urgência e tendência.

Essa ferramenta pode ser aplicada individualmente, mas o resultado é melhor quando um grupo de pessoas a executa, já que haverá um aprimoramento nos valores ***GUT*** que devem ser obtidos por consenso (**consenso** = Conformidade, acordo ou concordância de ideias, de opiniões).

É útil para o planejamento de atividades que devem ser realizadas num determinado período.

A ferramenta requer o uso de um formulário, como o modelo abaixo.

O **Formulário da Metodologia GUT**, apresentado abaixo, consta de **7 (sete) colunas**:

JWB

Item	Sintoma (Problema / Efeito)	G	U	T	GUT	GUT
		Gravidade	Urgência	Tendência	Resultado	Priorização
1		0	0	0	0	
2		0	0	0	0	
3		0	0	0	0	
4		0	0	0	0	
5		0	0	0	0	
6		0	0	0	0	
7		0	0	0	0	
8		0	0	0	0	
9		0	0	0	0	
10		0	0	0	0	
11		0	0	0	0	
12		0	0	0	0	
13		0	0	0	0	
14		0	0	0	0	
15		0	0	0	0	

- **ITEM**: relação numérica sequenciada dos problemas identificados.

- **PROBLEMA**: denominação resumida da atividade, do problema ou desafio a enfrentar.
- **GRAVIDADE**: coluna destinada a receber a avaliação e pontuação quanto à gravidade.

- **URGÊNCIA**: coluna destinada a receber a avaliação e pontuação quanto à urgência da atividade.

- **TENDÊNCIA**: coluna destinada a receber a avaliação e pontuação quanto à tendência do problema.

- **GUT (Resultado)**: coluna que contém o produto das avaliações G, U e T, ou seja, é o resultado de: G x U x T.

Caso o resultado apresente o mesmo valor quantitativo para mais do que 1 sintoma, priorizar pelo valor da "***Gravidade***". Se o valor da "***Gravidade***" for o mesmo, priorizar pela "***Urgência***".

- **GUT (Priorização)**: coluna que demonstra a prioridade na sequência para a realização da ação, utilizando os valores da coluna "***Resultado***" na ordem decrescente, ou seja, do maior valor para o menor.

Recomenda-se que nas colunas ***Gravidade***, ***Urgência*** e ***Tendência*** se faça a pontuação, mas que ela seja justificada. Atuando desta forma, a atribuição da nota é mais transparente.

Esta ferramenta tem aplicabilidade quando o usuário dispõe de uma lista de atividades a realizar. Se o usuário não tiver uma visão ampla do que deve realizar ou dos problemas que deve enfrentar, esta ferramenta perde muito do seu potencial.

A **matriz GUT** deve ser usada, preferencialmente, para estabelecer prioridades de agenda, respondendo à pergunta: Por onde devo começar? Se não houver uma priorização adequada das atividades, as mesmas serão orientadas geralmente pela **URGÊNCIA** delas e isso pode constituir uma grave falha de planejamento.

Esta ferramenta possibilita que seu usuário forme uma visão ampla do que precisa realizar e oriente a sua ação.

É difícil que uma pessoa faça tudo aquilo que quer fazer. Portanto, deve escolher aquilo que pode fazer. Um meio é usando o **método GUT**. Se não aplicar o **método GUT** ou outro semelhante ou equivalente essa pessoa será conduzida e atrapalhada por muitos afazeres.

Concluindo, o **método GUT** contribui decisivamente com a assertividade da metodologia de Análise de Falha na identificação da causa raiz.

Na sequência do cumprimento do procedimento de análise de falha, se deve informar os 5 (cinco) sintomas priorizados através da **metodologia GUT**, ao final da página 1 do formulário de análise de falhas, proporcionando uma melhor orientação na sequência da aplicação desta metodologia, quando da identificação das causas raízes mais críticas a serem eliminadas, conforme o modelo do formulário de análise de falha apresentado abaixo:

Nº	Sintomas Evidenciados
1	
2	
3	
4	
5	

Com os 5 (cinco) principais sintomas já identificados, eles devem ser copiados (através somente do seu código de controle numérico) na primeira coluna da página 2 do formulário de análise de falhas, conforme o modelo do formulário de análise de falha apresentado abaixo:

Nº	Análise dos Porquês			
Sint.	PORQUÊ ?	PORQUÊ ?	PORQUÊ ?	PORQUÊ ?

Desta maneira, pode-se aplicar o "**Método dos Por quês**", sempre entendendo que a resposta ao primeiro "porquê" deve apontar o caminho para o próximo.

É importante o entendimento que não pode sempre ocorrer uma linha apenas para cada sintoma, perguntando e respondendo todas as perguntas imediatamente (a menos que talvez você seja muito experiente no método).

Por exemplo, pode precisar para reunir e analisar mais informações, a fim de responder a uma questão particular. E pode precisar parar e pensar se está fazendo a pergunta correta. Com o tempo chegar ao 4º ou 5º "Por quê?" e desde que tenha feito as perguntas certas, deve estar perto da raiz ou causas.

Existem, muitas vezes, mais de uma causa.

Este método dos **"Por quês?"** é extremamente valioso e poderoso, mas precisa ser constantemente praticado para ficar cada vez mais eficaz e assertivo. Tal como acontece com outras ferramentas de melhoria, quanto mais usá-las, melhor conseguirá os resultados.

Para facilitar o entendimento da abrangência da utilização deste método, segue no "***Anexo 05***" uma breve apresentação da sequência de perguntas (*método alternativo*), convergindo na identificação de 4 (quatro) causas raízes.

Na sequência é apresentado no "***Anexo 06***" um modelo preenchido, referente às informações geradas no "***Anexo 05***", referente ao estabelecimento de contramedidas e melhorias, para todos os principais pontos identificados.

Completando este procedimento, está sendo apresentado no "***Anexo 07***", um modelo de "***Plano de Ação***", contemplando o método "***5W2H***", com todas as ações necessárias a serem realizadas no sentido de melhorar as condições operacionais do ativo que está sendo apresentado desde o "***Anexo 05***" acima.

O método "***5W2H***" possui como característica organizar um formato padronizado para que as ações possam ser gerenciadas, e seus parâmetros são:

a) "What?" (O Quê?)
O que será realizado? (é a ação)
Este processo pode ser modificado / melhorado ou eliminado?

b) "Why?" (Por quê?)
Porque esta ação é necessária?
Clarificar seu propósito e o motivo pelo qual existe.

c) "Where?" (Onde?)
Onde a ação será realizada?
Esta ação necessita ser realizada neste local?

d) "When?" (Quando?)
Qual é a data na qual esta ação será cumprida?
Quando é o melhor momento para realizar esta ação?
Este trabalho necessita ser realizado?

e) "Who?" (Quem?) (Responsável pela ação)
Não necessariamente é o executante da ação, mas sim deverá responder pela sua realização e cumprimento.
Quem irá realizar esta ação?
Seria melhor ter mais alguém para também realizar esta ação?
Porque esta ação está sendo realizada?

f) "How?" (Como?) (Representa o método)
Como esta ação será realizada?
Esta é a melhor maneira de realizar?
Existem outras maneiras de realizar?

g) "How Much? (Quanto Custa?)
Quanto custa realizar esta ação?
Este é o melhor custo para realizar esta ação?
Existem outras alternativas para realizar esta ação?

6. Aspectos Ambientais

Não aplicável.

7. EPI's Necessários

Não aplicável.

8. Registros

- Formulário de Análise de Falhas.
- Formulário GUT (Gravidade x Urgência x Tendência).
- Método dos Por Quês?
- Contramedidas de Bloqueio e Melhorias.
- Plano de Ação – 5W2H.

9. Anexos

- Anexo 01 (Fluxograma para Aplicação da Metodologia de Análise de Falhas).
- Anexo 02 (Matriz de Responsabilidades x Atividades).
- Anexo 03 (Formulário de Falha Funcional).
- Anexo 04 (Formulário GUT (Gravidade x Urgência x Tendência)).
- Anexo 05 (Formulário do Método dos Por Quês?). (Método Alternativo)
- Anexo 06 (Estabelecendo Contramedidas e Melhorias).
- Anexo 07 (Exemplo de um Plano de Ação – 5W2H).

Anexo 01 - Fluxograma para aplicação da metodologia de análise de falhas (página 1/2)

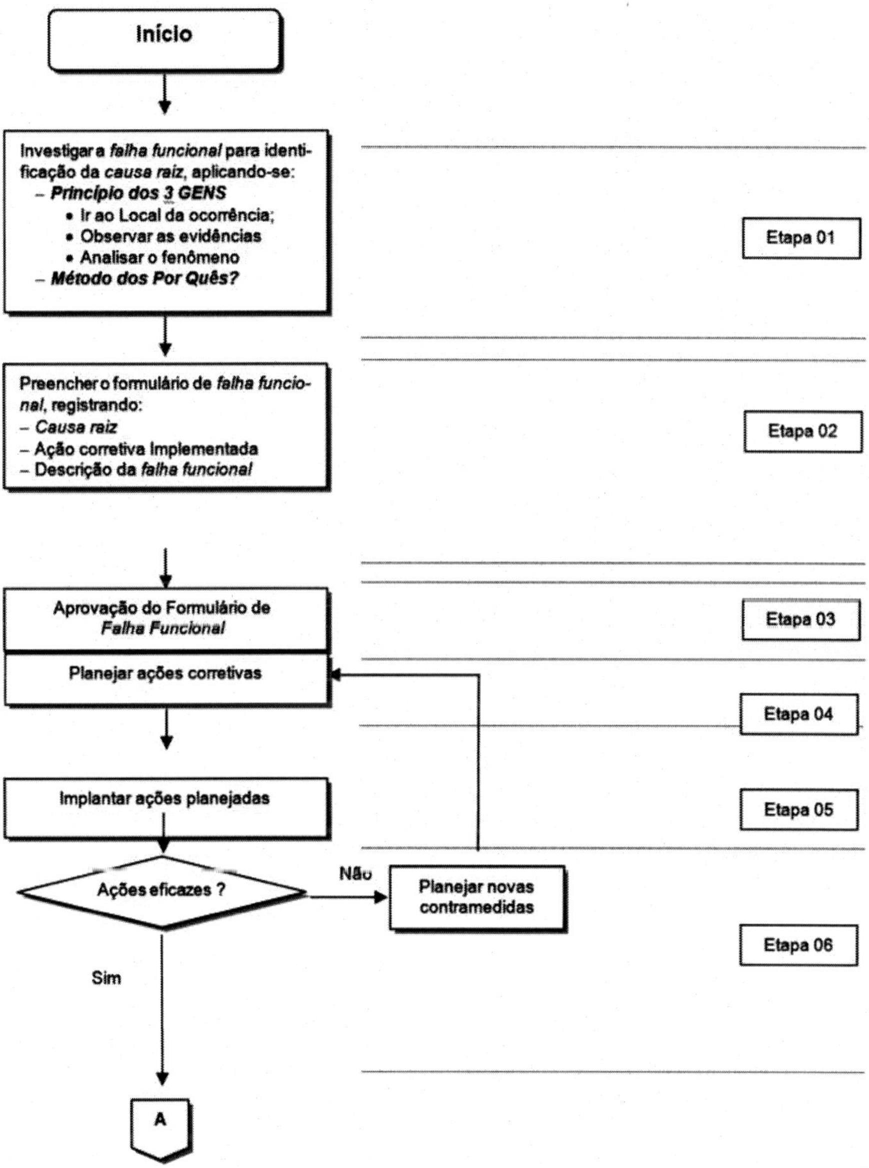

Anexo 01 - Fluxograma para aplicação da metodologia de análise de falhas (página 2/2)

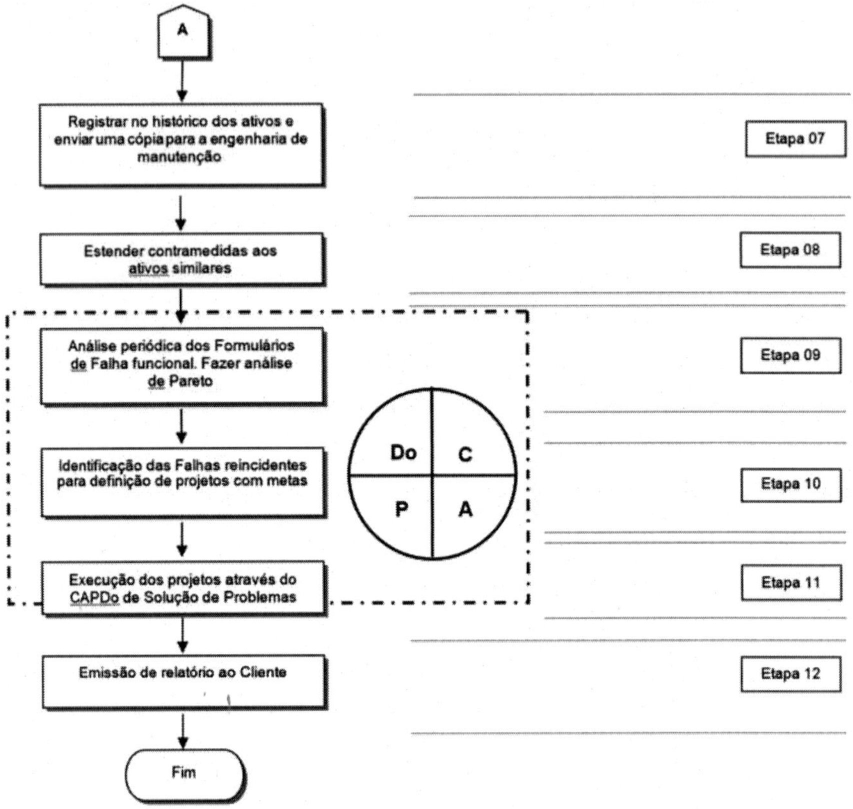

Matriz de Responsabilidade x Etapa

ETAPA	SM	EX	GM	PM	CM	EM
01	R	R	E		I	R
02	R	E	E	E	I	R
03	E		R		I	E
04	R	E	R	R	I	R
05	R	R	E	E	I	R
06	R	E	R	R	I	R
07	E		E	R	I	E
08	R	E	R	E	I	R
09	E		I	R	I	R
10	R	E	R	R	I	R
11	E	E	R	R	I	R
12	E		R	R	I	E

Anexo 02 - Matriz de Responsabilidades x Atividades (página 1/2)

	Responsáveis						Atividade	Descritivo
	SM	EX	GM	PM	CM	EM		
01	R	R	E		I	R	Analisar a falha funcional para identificação da Causa Raiz	Investigar a causa raiz da falha funcional. Aplicar nesta investigação o princípio dos 3 Gens e o Método dos Por Quês?
02	R	E	E	E	I	R	Preencher o Formulário de Análise de Falha Funcional	Consolidar as informações obtidas na etapa anterior no Formulário de Análise de Falhas Funcionais, conforme o anexo 02. O SM e a EM revisam o relatório. Remessa do relatório ao GM.
03	E		R		I	E	Aprovação do Formulário de Análise de Falha Funcional	O GM recebe e revisa o relatório. A GG recebe do GM o relatório, somente nos casos de falhas graves que afetam fortemente o processo. Consensado o relatório pelo GM e/ou GG. Retorno ao SM.
04	R	E	E	E	I	R	Planejar contramedidas para bloqueio da causa raiz (elaborar 5W1H)	Determinação das contramedidas necessárias, através de consenso entre a SM e o GM, em conjunto com a EM. Nos casos de falhas graves que afetam fortemente a produção, encaminhar para a GG, via GM, o escopo das ações (contramedidas) consensadas. A GG emite comentários. O GM, a EM e a SM recebem os comentários e os implementam. Consensadas as contramedidas, iniciar etapa de implementação.
05	R	R	I	E	I	R	Implementar / acompanhar contramedidas para bloqueio da causa raiz	Executar as ações reativas e pró-ativas (contramedidas), conforme etapa anterior, pela SM.
06	R	E	R	R	I	R	Avaliação da eficácia das ações (contramedidas) implementadas	Reunião de avaliação - entre o GM, SM e EM, com envolvimento do EX e dos Operadores (OP) - das contramedidas implementadas. Acordar medidas. Caso contrário refazer as etapas 04, 05 e 06.
07	E		E	R	I	E	Registro no histórico dos equipamentos	Remessa pelo GM ao PM da documentação produzida. Atualizar banco de dados do equipamento.

Anexo 02 - Matriz de Responsabilidades x Atividades (página 2/2)

	Responsáveis						Atividade	Descritivo
	SP	EX	CC	PM	CL	EM		
08	R	E	R	E	I	R	Estender contramedidas a equipamentos similares	Análise pelo GM, SM e EM da viabilidade de extensão das contramedidas aos equipamentos similares. Desenvolver cronograma físico-financeiro das medidas a serem adotadas. Enviar para a GG. A GG emite parecer. O GM recebe e responsabiliza a SM pela execução.
09	E		E	R	I	R	Análise periódica dos Formulários de Falha Funcional. Fazer análise de Pareto	**Revisar os formulários de falhas funcionais, através de reuniões mensais entre o GM, SM, EM e o PM, objetivando reavaliar as causas raiz e acompanhamento/revisão das contramedidas implementadas e as em andamento. Verificar necessidade de contramedidas adicionais. Desenvolver análise de Pareto dos últimos 365 dias para os equipamentos com criticidade "A", pelo GM, SM e EM. O PM consolida dados em relatório gerencial. Encaminhar para a GG.**
10	R	E	R	R	I	R	Identificação das Falhas reincidentes para definição de projetos com metas	
11	E	E	R	R	I	R	Execução dos projetos através do CAPDo de solução de problemas	A GG revisa e comenta os resultados da análise de Pareto. A GG convoca uma reunião para a avaliação da análise dos formulários de falha, e discussão dos projetos e das metas necessárias.
12	E		R	R	I	I	Emissão de relatório ao cliente	Consolidar as ações, implementadas ou não - análise de falhas, definição de contramedidas adotadas, extensão das contramedidas, identificação de falhas reincidentes e projetos com metas - pelo PM, sob a supervisão do GM. Remessa do relatório gerencial ao CM.

Anexo 03 - Modelo de Relatório Resumido de Falhas Funcionais (página 1/2)

JWB Engenharia & Consultoria	ANÁLISE DE FALHAS		Reincidência ( ) Sim ( ) Não	Nº
Área	Processo	Equipamento	Conjunto	
Data último evento	Data de início	Data de encerramento	Início parada	Fim parada	Reparado por

Descrição do Problema (Sintomas)
(Nome Equipamento, Histórico, o que ocorreu, desenhos, fotos...)

Análise dos Sintomas (Critério 6M)

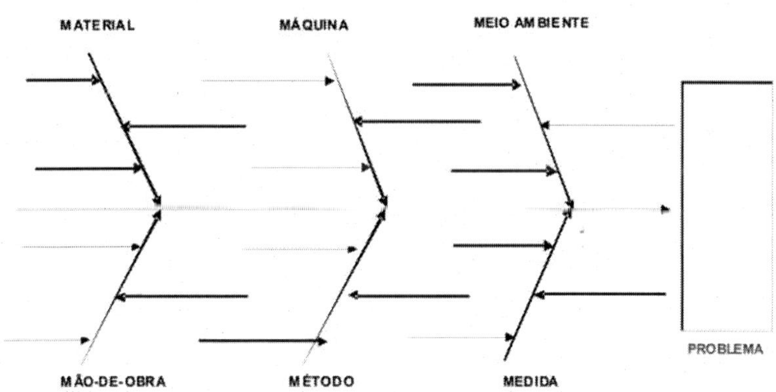

Nº	Sintomas Evidenciados
1	
2	
3	
4	
5	

Anexo 03 - Modelo de Relatório Resumido de Falhas Funcionais (página 2/2)

JWB Engenharia & Consultoria	ANÁLISE DE FALHAS	Reincidência ( ) Sim ( ) Não	Nº

Nº Sint.	Análise dos Porquês			
	PORQUÊ ?	PORQUÊ ?	PORQUÊ ?	PORQUÊ ?

Nº	Causas Evidenciadas
1	
2	
3	
4	
5	

Nº Causa	Ações de Bloqueio	Responsável		Data	
	O que e Como	Nome	Visto	Previsto	Término

Verificação da Eficácia da Ação de Bloqueio

Foto do local

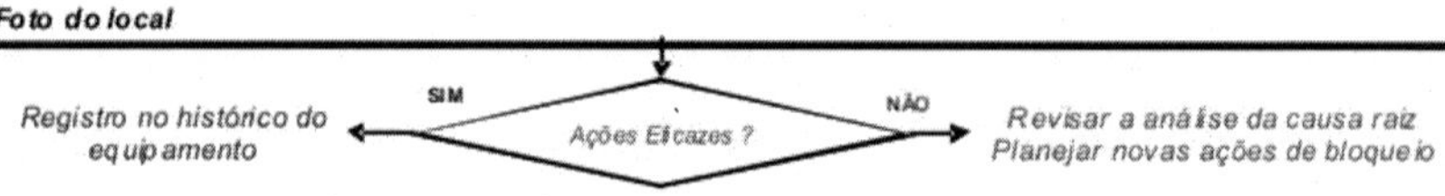

Anexo 04 - Metodologia GUT (Gravidade x Urgência x Tendência)

Item	Sintoma (Problema / Efeito)	G	U	T	GUT	GUT
		Gravidade	Urgência	Tendência	Resultado	Priorização
1						
2						
3						
4						
5						
6						
7						
8						
9						
10						
11						
12						
13						
14						
15						
16						
17						
18						
19						
20						
21						
22						
23						
24						
25						
26						
27						

Anexo 05 (Método Alternativo) - Formulário do "Método dos Por Quês?" para Investigação da Causa Raiz

Este anexo possui como objetivo apresentar um sintoma ocorrido em um reservatório de óleo hidráulico (nível baixo), e principalmente, concluir que as 4 evidências de causas raízes não necessariamente estão diretamente relacionadas com o reservatório em questão.

Apesar de termos um sintoma que demonstra claramente uma situação anormal em um ativo em processo de operação, as causas raízes que conduziram a esta situação não fazem parte do mesmo ambiente do evento.

É muito comum associarmos as causas raízes diretamente aos ativos que encontram-se em estado de falha funcional (fora de operação), ou de falha potencial (operando mas não cumprindo plenamente suas funções), pois é a maneira que a maioria dos técnicos compreendem ser possível identificar, pois pelo fato de terem pleno domínio dos aspectos técnicos, se entende que a causa raiz está caracterizada pela ação técnica de reparo do ativo em questão.

É importante o entendimento que na grande maioria das vezes, as causas raízes não estão associadas diretamente com o sintoma encontrado de um evento de falha funcional em campo, ou seja, se a intenção é a identificação das causas raízes, se deve seguir pelo questionamento sequenciado dos "Por quês?", e parar somente quando se obter uma resposta confortável, no sentido de que a ação proveniente desta resposta pode garantir que a falha funcional ocorrida não venha mais existir.

No caso do exemplo abaixo, fica evidente os conceitos informados acima, pois apesar da ocorrência do baixo nível de óleo hidráulico no reservatório, as causas raízes apontam para ações nos 4 (quatro) principais pontos abaixo:

a) Verificação do procedimento de instalação das mangueiras, quanto à qualidade e atualização das informações.

b) Capacitação dos mantenedores responsáveis pela instalação das mangueiras.

c) Verificação do procedimento de estocagem das mangueiras no almoxarifado, quanto às condições, e também quanto ao tempo de armazenagem.

d) Verificação do procedimento de manutenção, quanto a determinação da frequência de troca periódica das mangueiras.

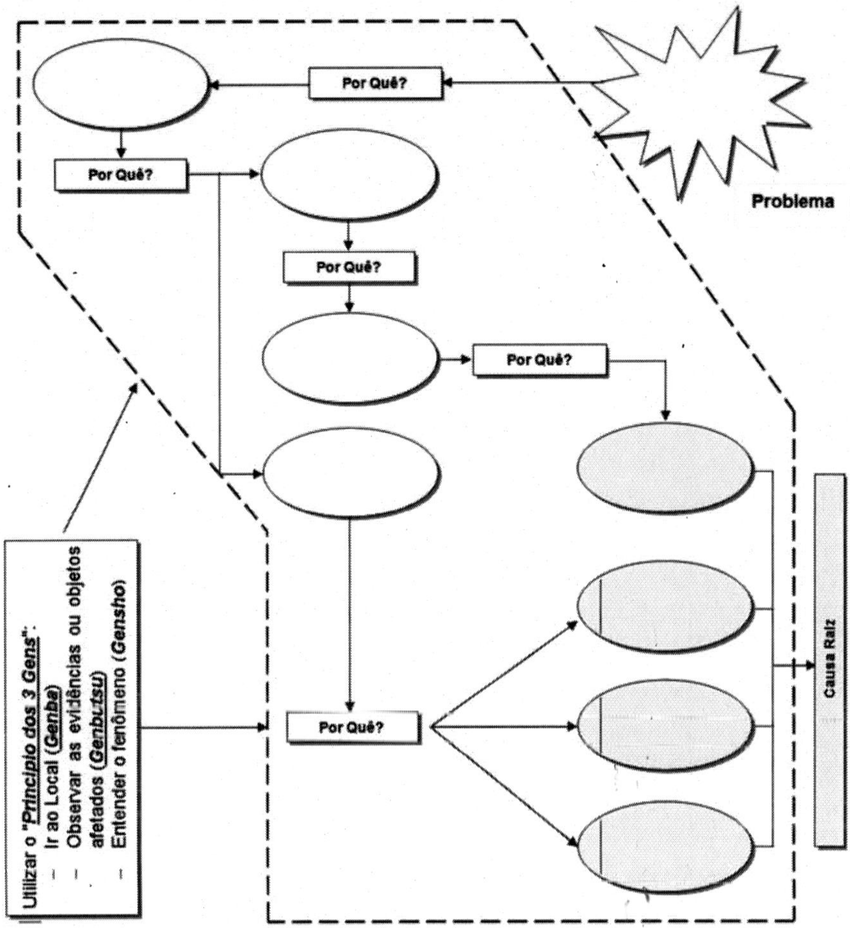

Análise de Falhas utilizando o "Princípio dos 3Gens" e o "Método dos Por quês"

Anexo 06 - Estabelecendo Contramedidas e Melhorias para Bloquear as Causas Raízes

Causas Raízes	Contramedidas de Bloqueio das Causas Raízes e Propostas de Introdução de Melhorias	Comentários

Anexo 07 - Exemplo de um Plano de Ação (5W2H)

O Quê? (Contramedidas) (What)	Por Quê? (Justificativa) (Why)	Quem? (Responsável) (Who)	Onde? (Where)	Quando? (When)	Quanto Custa? (How Much)	Como? (How)

Anexo B

"A Falha e as Tabelas (Catálogos) de Tratamento da Falha"

Para que possamos facilitar a obtenção das informações de campo e garantir uma análise global padronizada na compilação dos dados, é vital a oportunidade de trabalharmos com um grupo reduzido, mas consistente e com qualidade, para os "Efeitos", para as "Causas" e para as "Ações" das equipes de manutenção no dia-a-dia do departamento.

A determinação através de códigos padronizados de todas as características relacionadas com uma falha ocorrida (efeito, motivo, ação de contingência, causa raiz e ação final) facilitam para uma Análise de Pareto e o estudo do Histórico do ativo em questão.

A importância da existência de padrões atualizados para a codificação das falhas, e o registro destes padrões informados regularmente no sistema de gestão das práticas da manutenção, faz com que a Engenharia de Manutenção possa estudar as melhorias necessárias viáveis, no sentido de tornar os ativos mais confiáveis.

Está sendo apresentado abaixo 3 (três) grupos distintos dos "Efeitos", das "Causas" e das "Ações", que são:

- 16.1) Códigos relacionados com as atividades da especialidade de Mecânica.

- 16.2) Códigos relacionados com as atividades da especialidade de Elétrica.

- 16.3) Códigos relacionados com as atividades da especialidade de Instrumentação.

16.1) Códigos relacionados com as atividades da especialidade de Mecânica.

Árvore Geral de Falhas

Árvore de Códigos de Efeitos x Causas x Ações - Especialidade de Mecânica					
EFEITO		CAUSA		AÇÃO	
MMA	Desalinhamento	IF	Aperto Imprópio	MD	Modificado
				FP	Ajustado corretamente
				TG	Apertado
		IA	Montagem imprória	AL	Alinhado
		BD	Dobra	RC	Recuperado
				RP	Substituído
		CP	Engate defeituoso	RR	Consertado
				RP	Substituído
		IK	Intertravamento	RC	Recuperado
				RP	Substituído
		IS	Material de junção imprópio	RR	Consertado
		DT	Excesso de poeira	RR	Consertado
				CN	Limpo
MLF	Defeito no nivelamento	IA	Montagem imprória	LV	Nivelado
				RR	Consertado
MOH	Sobreaquecimento	MA	Desalinhamento	AL	Alinhado
		EC	Folga Excessiva	TG	Apertado
				AJ	Ajustado
		CR	Folga insuficiente	AJ	Ajustado
		IL	Lubrificação Imprópria	LB	Lubrificado
		RF	Atrito / fricção	AJ	Ajustado
		DB	Funcionamento defeituoso	RP	Substituído
		OL	Excesso de carga	RD	Reduzido
		VB	Vibração	RR	Consertado
		WA	Aplicação errada	MD	Modificado
				RP	Substituído
MCO	Corrosão	HU	Umidade	WT	Impermeabilizado
				CN	Limpo
				RP	Substituído
				SD	Selado
				RR	Consertado
		IE	Impurezas	CN	Limpo
				SD	Selado
				RR	Consertado
		CA	Ataque químico	MD	Modificado
				RP	Substituído
				RR	Consertado
MCM	Contaminação	LK	Vazamento	SD	Selado
		IE	Impurezas	CN	Limpo
				PR	Protegido
				SD	Selado
MWE	Desgaste	MJ	Ajustamento ruim	AJ	Ajustado
				RP	Substituído
		MA	Desalinhamento	AL	Alinhado
				RP	Substituído
		LF	Tempo de vida normal	RC	Recuperado
				RP	Substituído
		OL	Excesso de carga	RD	Reduzido
				RP	Substituído
		DC	Componente defeituoso	RR	Consertado
				RP	Substituído
		IM	Material imprópio	MD	Modificado

Árvore Geral de Falhas

Árvore de Códigos de Efeitos x Causas x Ações - Especialidade de Mecânica					
EFEITO		CAUSA		AÇÃO	
MWE		EN	Número excessivo de operaçõ	RD	Reduzido
				RP	Substituído
				MD	Modificado
		EP	Pressão excessiva (Molas)	RP	Substituído
		IP	Pressão insuficiente (Molas)	RP	Substituído
		SK	Faiscamento	RP	Substituído
				RU	Regulado
		WP	Posicionamento errado	AJ	Ajustado
				RP	Substituído
		SP	Velocidade imprópria	RU	Regulado
				RP	Substituído
		IL	Lubrificação Imprópria	LB	Lubrificado
				MD	Modificado
				RP	Substituído
		RF	Atrito / fricção	AJ	Ajustado
				RR	Consertado
				RP	Substituído
		OE	Erro operacional	RR	Consertado
				RP	Substituído
		PC	Processo	AJ	Ajustado
				MD	Modificado
MDM	Deformação	OH	Sobreaquecimento	RP	Substituído
				RC	Recuperado
		IK	Intertravamento	RP	Substituído
				RC	Recuperado
		OL	Excesso de carga	RP	Substituído
				RC	Recuperado
		WK	Debilidade	RE	Reforçado
				RP	Substituído
				RC	Recuperado
MBA	Bloqueamento	EM	Excesso de material	UO	Desubstruído
				CN	Limpo
		OE	Erro operacional	UO	Desubstruído
				CN	Limpo
		OB	Obstrução	UO	Desubstruído
		SL	Inclinação irregular	RR	Consertado
MER	Erosão	AB	Abrasão	PR	Protegido
				RP	Substituído
		HU	Umidade	DY	Seco
				WT	Impermeabilizado
				PR	Protegido
				RP	Substituído
MIF	Aperto Inadequado	IM	Material impróprio	RP	Substituído
				MD	Modificado
		DC	Componente defeituoso	RR	Consertado
				RP	Substituído
		RF	Atrito / fricção	RR	Consertado
				RP	Substituído
		MA	Desalinhamento	AL	Alinhado
		EC	Folga Excessiva	TG	Apertado
				AJ	Ajustado

Árvore Geral de Falhas

Árvore de Códigos de Efeitos x Causas x Ações - Especialidade de Mecânica					
EFEITO		**CAUSA**		**AÇÃO**	
MIF		**VB**	Vibração	**TG**	Apertado
				RR	Consertado
				RP	Substituído
				FP	Ajustado corretamente
		IA	Montagem imprória	**RR**	Consertado
MSE	Balança	**LK**	Vazamento	**CN**	Limpo
				SD	Selado
		HU	Umidade	**SD**	Selado
				CN	Limpo
		PC	Processo	**CN**	Limpo
				MD	Modificado
				AJ	Ajustado
MST	Parada	**BK**	Quebra	**RR**	Consertado
				RP	Substituído
		IK	Intertravamento	**RR**	Consertado
				RP	Substituído
		OR	Sobrecarregamento	**OD**	Sobrecarregado
		WR	Falta / Consumo de Refratários	**RP**	Substituído
		OE	Erro operacional	**CT**	Corrected
MPO	Poluição	**MJ**	Ajustamento ruim	**RU**	Regulado
		LK	Vazamento	**RR**	Consertado
				RP	Substituído
				SD	Selado
		BA	Bloqueamento	**UO**	Desubstruído
		PC	Processo	**CD**	Controlado
				MD	Modificado
		CS	Sistema de Limpeza Deficiente	**RR**	Consertado
				RU	Regulado
		NO	Barulho	**RR**	Consertado
				RP	Substituído
				RD	Reduzido
				CD	Controlado
		HO	Furo	**RR**	Consertado
				RP	Substituído
				SD	Selado
MBK	Quebra	**OL**	Excesso de carga	**RP**	Substituído
				RR	Consertado
				MD	Modificado
				WD	Soldado
		ST	Estresse de Material	**RP**	Substituído
				RR	Consertado
				WD	Soldado
		VB	Vibração	**RP**	Substituído
				RR	Consertado
				WD	Soldado
		RF	Atrito / fricção	**RP**	Substituído
				RR	Consertado
				WD	Soldado
		IF	Aperto Inadequado	**FP**	Ajustado corretamente
				RR	Consertado
				WD	Soldado
				RP	Substituído

Árvore Geral de Falhas

Árvore de Códigos de Efeitos x Causas x Ações - Especialidade de Mecânica					
EFEITO		**CAUSA**		**AÇÃO**	
MBK		**MS**	Choque Mecânico	**RP**	Substituído
				RR	Consertado
				WD	Soldado
		WE	Desgaste	**RP**	Substituído
				RR	Consertado
				WD	Soldado
		IL	Lubrificação Imprópria	**RP**	Substituído
				RR	Consertado
		IK	Intertravamento	**RR**	Consertado
				RP	Substituído
				WD	Soldado
MRF	Atrito / fricção	**DB**	Funcionamento defeituoso	**RP**	Substituído
		FB	Corpos Estranhos	**RR**	Consertado
				RP	Substituído
				RM	Removido
		CO	Afrouxamento de Espiras	**RR**	Consertado
				RP	Substituído
		VB	Vibração	**RR**	Consertado
		IR	Interferência	**AJ**	Ajustado
		EC	Folga Excessiva	**AJ**	Ajustado
		CR	Folga insuficiente	**AJ**	Ajustado
		IF	Aperto Inadequado	**TG**	Apertado
				FP	Ajustado corretamente
		IL	Lubrificação Imprópria	**LB**	Lubrificado
		MA	Desalinhamento	**AL**	Alinhado
MLE	Baixo Rendimento	**AD**	Ajustamento	**RU**	Regulado
				CB	Calibrado
		PC	Processo	**AJ**	Ajustado
				MD	Modificado
		LK	Vazamento	**SD**	Selado
				TG	Apertado
		WE	Desgaste	**RP**	Substituído
				RR	Consertado
		WA	Aplicação errada	**MD**	Modificado
MDB	Funcionamento defeituos	**IL**	Lubrificação Imprópria	**LB**	Lubrificado
				RP	Substituído
			Contaminação	**RP**	Substituído
				SD	Selado
		CO	Corrosão	**RP**	Substituído
		IF	Aperto Inadequado	**AJ**	Ajustado
				TG	Apertado
				FP	Ajustado corretamente
				RP	Substituído
		VB	Vibração	**AJ**	Ajustado
				IV	Inspecionado
				LB	Lubrificado
				TG	Apertado
				RP	Substituído
		WE	Desgaste	**AJ**	Ajustado
				IV	Inspecionado
				LB	Lubrificado
				RP	Substituído
		IA	Montagem imprória	**RR**	Consertado
				RP	Substituído

Árvore Geral de Falhas

Árvore de Códigos de Efeitos x Causas x Ações - Especialidade de Mecânica					
EFEITO		CAUSA		AÇÃO	
MDB		WA	Aplicação errada	MD	Modificado
				RP	Substituído
		OH	Sobreaquecimento	LB	Lubrificado
				RP	Substituído
				VT	Ventilado
		LF	Tempo de vida normal	RP	Substituído
		CF	Fluxo de Corrente Elétrica	RP	Substituído
		MA	Desalinhamento	RP	Substituído
				AL	Alinhado
		SR	Alavancas fora do padrão	RR	Consertado
				RP	Substituído
		HR	Suportes fora do padrão	RP	Substituído
		CR	Folga insuficiente	RP	Substituído
				AJ	Ajustado
MNO	Barulho	RF	Atrito / fricção	RR	Consertado
				RP	Substituído
		VB	Vibração	RR	Consertado
		IF	Aperto Inadequado	FP	Ajustado corretamente
		IL	Lubrificação Imprópria	LB	Lubrificado
				MD	Modificado
		AD	Ajustamento	RU	Regulado
		ET	Problema elétrico	RR	Consertado
				RP	Substituído
		GE	Engrenagens	AJ	Ajustado
				AL	Alinhado
				IV	Inspecionado
				RP	Substituído
MOL	Excesso de carga	IK	Intertravamento	RR	Consertado
				RP	Substituído
		VB	Vibração	RR	Consertado
		RF	Atrito / fricção	RR	Consertado
				RP	Substituído
		IF	Aperto Inadequado	FP	Ajustado corretamente
		IL	Lubrificação Imprópria	LB	Lubrificado
				MD	Modificado
		OC	Excesso de corrente	RD	Reduzido
		PC	Processo	AJ	Ajustado
				MD	Modificado
		AD	Ajustamento	AJ	Ajustado
		WA	Aplicação errada	MD	Modificado
MSF	Segurança	IM	Material impróprio	MD	Modificado
		ID	Projeto inadequado	MD	Modificado
		LA	Falta de análise de riscos	MD	Modificado
		LT	Falta de proteção	PR	Protegido
MIK	Intertravamento	IL	Lubrificação Imprópria	LB	Lubrificado
				RP	Substituído
				RR	Consertado
				MD	Modificado
		BK	Quebra	RP	Substituído
				RR	Consertado
		AD	Ajustamento	RU	Regulado
		DB	Funcionamento defeituoso	RP	Substituído
		RF	Atrito / fricção	RR	Consertado
				RP	Substituído
				AJ	Ajustado

Árvore Geral de Falhas

Árvore de Códigos de Efeitos x Causas x Ações - Especialidade de Mecânica					
EFEITO		CAUSA		AÇÃO	
MIK		FB	Corpos Estranhos	RM	Removido
				RR	Consertado
MCK	Rachaduras	OL	Excesso de carga	RR	Consertado
				WD	Soldado
				RP	Substituído
		VB	Vibração	RR	Consertado
				WD	Soldado
				RP	Substituído
		WE	Desgaste	RR	Consertado
				WD	Soldado
				RP	Substituído
		IF	Aperto Inadequado	FP	Ajustado corretamente
				WD	Soldado
				RP	Substituído
				RR	Consertado
		IM	Material impróprio	MD	Modificado
				WD	Soldado
		TC	Rachadura térmica	IU	Isolado
				RR	Consertado
				WD	Soldado
				MD	Modificado
		DW	Solda defeituosa	WD	Soldado
		PA	Ressecamento	RP	Substituído
MVB	Vibração	UB	Desbalanceamento	BL	Balanceado
				CN	Limpo
				RP	Substituído
		MA	Desalinhamento	AL	Alinhado
		CP	Engate defeituoso	RP	Substituído
				RR	Consertado
		EC	Folga Excessiva	AJ	Ajustado
		IF	Aperto Inadequado	FP	Ajustado corretamente
				RE	Reforçado
				TG	Apertado
		DB	Funcionamento defeituoso	IV	Inspecionado
				RP	Substituído
		ET	Problema elétrico	RR	Consertado
				RP	Substituído
		RN	Ressonância	MD	Modificado
				RE	Reforçado
		BE	Correias	RP	Substituído
				AJ	Ajustado
		PL	Roldana	RP	Substituído
				AL	Alinhado
		GE	Engrenagens	RP	Substituído
				AL	Alinhado
				AJ	Ajustado
		PP	Pulsação de Pressão	UO	Desubstruído
				RU	Regulado
				RP	Substituído
		CV	Cavitação	AJ	Ajustado
				UO	Desubstruído
		RF	Atrito / fricção	AJ	Ajustado
				AL	Alinhado

Árvore Geral de Falhas

Árvore de Códigos de Efeitos x Causas x Ações - Especialidade de Mecânica

EFEITO		CAUSA		AÇÃO	
MLK	Vazamento	**CK**	Rachaduras	**RR**	Consertado
				WD	Soldado
				RP	Substituído
				VD	Selado
		HO	Furo	**RR**	Consertado
				RP	Substituído
				SD	Selado
		SE	Lacre	**AJ**	Ajustado
				RC	Recuperado
				RU	Regulado
				RP	Substituído
				SD	Selado
		EC	Folga Excessiva	**AJ**	Ajustado
				RC	Recuperado
				RP	Substituído
				SD	Selado
		GS	Guias/Recortes laterais	**AJ**	Ajustado
				RC	Recuperado
				RU	Regulado
				RP	Substituído
					Selado

16.2) Códigos relacionados com as atividades da especialidade de Elétrica.

Árvore Geral de Falhas

Árvore de Códigos de Efeitos x Causas x Ações - Especialidade de Elétrica					
EFEITO		CAUSA		AÇÃO	
EDR	Drive	LW	Falta de energia	IV	Inspecionado
		DF	Falha do equipamento	RP	Substituído
				RR	Consertado
		WP	Posicionamento errado	AJ	Ajustado
				RU	Regulado
		BK	Quebra	RP	Substituído
				RR	Consertado
		IF	Aperto Inadequado	FP	Ajustado corretamente
		DC	Componente defeituoso	RR	Consertado
				RP	Substituído
EOH	Sobreaquecimento	HE	Ambiente abafado	VT	Ventilado
		VN	Ventilação	RR	Consertado
				RP	Substituído
		OL	Excesso de carga	RD	Reduzido
		WA	Aplicação errada	MD	Modificado
				RP	Substituído
EGD	Aterramento	IC	Circuito interrompido	RP	Substituído
				RR	Consertado
		RS	Resistência alta	GC	Aterramento corrigido
				MD	Modificado
ESC	Curto-circuito	LI	Baixa isolação	RR	Consertado
				RP	Substituído
		FB	Corpos Estranhos	RR	Consertado
				RP	Substituído
				RM	Removido
		RF	Atrito / fricção	RR	Consertado
				RP	Substituído
		MS	Choque Mecânico	RR	Consertado
				RP	Substituído
		MA	Desalinhamento	AL	Alinhado
				RR	Consertado
		BK	Quebra	RR	Consertado
				RP	Substituído
EOC	Excesso de corrente	OV	Sobretensão	SV	Tensão da Fonte verificada
				PF	Fator de potência corrigido
		OL	Excesso de carga	RD	Reduzido
		ID	Projeto inadequado	MD	Modificado
				RP	Substituído
		SC	Curto-circuito	RR	Consertado
				RP	Substituído
ECL	Sistema de controle	LW	Falta de energia	IV	Inspecionado
		IC	Circuito interrompido	RR	Consertado
				RP	Substituído
		PS	Fonte de energia defeituosa	RR	Consertado
				RP	Substituído
		DC	Componente defeituoso	RR	Consertado
				RP	Substituído
		MJ	Ajustamento ruim	AJ	Ajustado

Árvore Geral de Falhas

Árvore de Códigos de Efeitos x Causas x Ações - Especialidade de Elétrica					
EFEITO		CAUSA		AÇÃO	
EWE	Desgaste	**MJ**	Ajustamento ruim	**AJ**	Ajustado
				RP	Substituído
		MA	Desalinhamento	**AL**	Alinhado
				RP	Substituído
		LF	Tempo de vida normal	**RC**	Recuperado
				RP	Substituído
		OL	Excesso de carga	**RD**	Reduzido
				RP	Substituído
		DC	Componente defeituoso	**RR**	Consertado
				RP	Substituído
		IM	Material impróprio	**MD**	Modificado
		EN	Número excessivo de operações	**RD**	Reduzido
				RP	Substituído
				MD	Modificado
		EP	Pressão excessiva (Molas)	**RP**	Substituído
		IP	Pressão insuficiente (Molas)	**RP**	Substituído
		SK	Faiscamento	**RP**	Substituído
				RU	Regulado
		WP	Posicionamento errado	**AJ**	Ajustado
				RP	Substituído
		SP	Velocidade imprópria	**RU**	Regulado
				RP	Substituído
		IL	Lubrificação Imprópria	**LB**	Lubrificado
				MD	Modificado
				RP	Substituído
		RF	Atrito / fricção	**AJ**	Ajustado
				RR	Consertado
				RP	Substituído
EPU	Desbalanceamento de fase	**LU**	Desbalanceamento de carga	**IV**	Inspecionado
				MD	Modificado
		LH	Falta de fase	**RR**	Consertado
ESK	Faiscamento	**OC**	Excesso de corrente	**RD**	Reduzido
		IM	Material impróprio	**RP**	Substituído
		BC	Mal contato	**RR**	Consertado
				RP	Substituído
				TG	Apertado
		IP	Pressão insuficiente (Molas)	**RU**	Regulado
		WP	Posicionamento errado	**AJ**	Ajustado
		LI	Baixa isolação	**RR**	Consertado
				RP	Substituído
		OH	Sobreaquecimento	**IV**	Inspecionado
				CD	Controlado
		WA	Aplicação errada	**MD**	Modificado
				RP	Substituído
		BH	Porta-escovas sem linha de neutro	**AJ**	Ajustado
ELW	Falta de energia	**SF**	Falha do fornecedor	**IV**	Inspecionado
		IC	Circuito interrompido	**RR**	Consertado
				RP	Substituído
				JP	Emendado
		BC	Mal contato	**RR**	Consertado
				RP	Substituído
		PT	Defeito na proteção	**RR**	Consertado
				RP	Substituído

Árvore Geral de Falhas

Árvore de Códigos de Efeitos x Causas x Ações - Especialidade de Elétrica					
EFEITO		CAUSA		AÇÃO	
EPF	Fator de potência	BF	Defeito nos bancos de capacitores	RR	Consertado
				RP	Substituído
		UM	Excesso de motores sem carga	CD	Controlado
		OV	Sobretensão	IV	Inspecionado
EIF	Aperto Inadequado	IM	Material impróprio	RP	Substituído
				MD	Modificado
		DC	Componente defeituoso	RR	Consertado
				RP	Substituído
		RF	Atrito / fricção	RR	Consertado
				RP	Substituído
		MA	Desalinhamento	AL	Alinhado
		EC	Folga Excessiva	TG	Apertado
				AJ	Ajustado
		VB	Vibração	TG	Apertado
				RR	Consertado
				RP	Substituído
				FP	Ajustado corretamente
		IA	Montagem imprória	RR	Consertado
ELG	Ignição	BU	Queima	RP	Substituído
		BK	Quebra	RP	Substituído
				RR	Consertado
		LW	Falta de energia	IV	Inspecionado
ELI	Baixa isolação	AG	Envelhecimento	RW	Renovado
				RP	Substituído
				RR	Consertado
		OV	Sobretensão	IV	Inspecionado
		IM	Material impróprio	RP	Substituído
		RF	Atrito / fricção	RP	Substituído
				RR	Consertado
		OH	Sobreaquecimento	IV	Inspecionado
				VT	Ventilado
		HU	Umidade	DY	Seco
		OL	Excesso de carga	RD	Reduzido
				RP	Substituído
EBC	Mal contato	DC	Componente defeituoso	RR	Consertado
				RP	Substituído
		LS	Afrouxamento	TG	Apertado
		OX	Oxidação	RP	Substituído
				CN	Limpo
		IF	Aperto Inadequado	FP	Ajustado corretamente
		PI	Posicionamento errado	AJ	Ajustado
		VB	Vibração	TG	Apertado
				RR	Consertado
				RP	Substituído
		WE	Desgaste	RP	Substituído
		DT	Excesso de poeira	CN	Limpo

Árvore Geral de Falhas

Árvore de Códigos de Efeitos x Causas x Ações - Especialidade de Elétrica					
EFEITO		CAUSA		AÇÃO	
EST	Parada	**BK**	Quebra	**RR**	Consertado
				RP	Substituído
		IK	Intertravamento	**RR**	Consertado
				RP	Substituído
		OR	Sobrecarregamento	**OD**	Sobrecarregado
		LW	Falta de energia	**RR**	Consertado
		PT	Falha de proteção	**RR**	Consertado
				RP	Substituído
EPO	Poluição	**LW**	Falta de energia	**IV**	Inspecionado
				RR	Consertado
		SC	Curto-circuito	**RR**	Consertado
				RP	Substituído
		LE	Baixo Rendimento do precipitador	**GT**	Temperatura de entrada de gás corrig
				RR	Consertado
				RP	Substituído
		SK	Faiscamento	**FA**	Entrada falsa de ar eliminada
				GT	Temperatura de entrada de gás corrig
				RR	Consertado
				RP	Substituído
		NO	Barulho	**RR**	Consertado
				RP	Substituído
				RD	Reduzido
				CD	Controlado
EPR	Proteção	**BC**	Mal contato	**CN**	Limpo
				RR	Consertado
				RP	Substituído
		PT	Falha de proteção	**RR**	Consertado
				RP	Substituído
EBU	Queima	**PT**	Falha de proteção	**RR**	Consertado
				RP	Substituído
		RF	Atrito / fricção	**RR**	Consertado
				RP	Substituído
		LI	Baixa isolação	**RR**	Consertado
				RP	Substituído
		SC	Curto-circuito	**RR**	Consertado
				RP	Substituído
EVD	Queda de tensão	**SF**	Falha do fornecedor	**IV**	Inspecionado
		OL	Excesso de carga	**RD**	Reduzido
				MD	Modificado
		SC	Curto-circuito	**RR**	Consertado
				RP	Substituído
		DC	Componente defeituoso	**RR**	Consertado
				RP	Substituído
EBK	Quebra	**OL**	Excesso de carga	**RP**	Substituído
				RR	Consertado
				MD	Modificado
				WD	Soldado
		ST	Estresse de Material	**RP**	Substituído
				RR	Consertado
				WD	Soldado
		VB	Vibração	**RP**	Substituído
				RR	Consertado
				WD	Soldado

Árvore Geral de Falhas

Árvore de Códigos de Efeitos x Causas x Ações - Especialidade de Elétrica					
EFEITO		CAUSA		AÇÃO	
EBK		RF	Atrito / fricção	RP	Substituído
				RR	Consertado
				WD	Soldado
		IF	Aperto Inadequado	FP	Ajustado corretamente
				RR	Consertado
				WD	Soldado
				RP	Substituído
		MS	Choque Mecânico	RP	Substituído
				RR	Consertado
				WD	Soldado
		WE	Desgaste	RP	Substituído
				RR	Consertado
				WD	Soldado
		IL	Lubrificação Imprópria	RP	Substituído
				RR	Consertado
		IK	Intertravamento	RR	Consertado
				RP	Substituído
				WD	Soldado
ERF	Atrito / fricção	DB	Funcionamento defeituoso	RP	Substituído
		FB	Corpos Estranhos	RR	Consertado
				RP	Substituído
				RM	Removido
		CO	Afrouxamento de Espiras	RR	Consertado
				RP	Substituído
		VB	Vibração	RR	Consertado
		IR	Interferência	AJ	Ajustado
		EC	Folga Excessiva	AJ	Ajustado
		CR	Folga insuficiente	AJ	Ajustado
		IF	Aperto Inadequado	TG	Apertado
				FP	Ajustado corretamente
		IL	Lubrificação Imprópria	LB	Lubrificado
				RP	Substituído
		AM	Desalinhamento	AL	Alinhado
ELE	Baixo Rendimento	RS	Resistência alta	RR	Consertado
				RP	Substituído
		LR	Resistência baixa	RR	Consertado
				RP	Substituído
		WE	Desgaste	RR	Consertado
				RP	Substituído
		IT	Indícios	CB	Calibrado
				RR	Consertado
				RP	Substituído
		LI	Baixa isolação	RR	Consertado
				RP	Substituído
		CL	Sistema de controle	RR	Consertado
				RP	Substituído
				MD	Modificado
		HE	Ambiente abafado	VT	Ventilado
				MD	Modificado
		IL	Lubrificação Imprópria	LB	Lubrificado
				MD	Modificado
		WA	Aplicação errada	MD	Modificado

Árvore Geral de Falhas

Árvore de Códigos de Efeitos x Causas x Ações - Especialidade de Elétrica

EFEITO		CAUSA		AÇÃO	
EDB	Funcionamento defeituoso	IL	Lubrificação Imprópria	LB	Lubrificado
				RP	Substituído
			Contaminação	RP	Substituído
				SD	Selado
		IF	Aperto Inadequado	AJ	Ajustado
				TG	Apertado
				FP	Ajustado corretamente
				RP	Substituído
		VB	Vibração	AJ	Ajustado
				IV	Inspecionado
				LB	Lubrificado
				TG	Apertado
				RP	Substituído
		WE	Desgaste	AJ	Ajustado
				IV	Inspecionado
				LB	Lubrificado
				RP	Substituído
		IA	Montagem imprória	RR	Consertado
				RP	Substituído
		WA	Aplicação errada	MD	Modificado
				RP	Substituído
		OH	Sobreaquecimento	LB	Lubrificado
				RP	Substituído
				VT	Ventilado
ENO	Barulho	RF	Atrito / fricção	RR	Consertado
				RP	Substituído
		VB	Vibração	RR	Consertado
		IF	Aperto Inadequado	FP	Ajustado corretamente
		IL	Lubrificação Imprópria	LB	Lubrificado
				MD	Modificado
		AD	Ajustamento	RU	Regulado
		ET	Problema elétrico	RR	Consertado
				RP	Substituído
EOL	Excesso de carga	IK	Intertravamento	RR	Consertado
				RP	Substituído
		VB	Vibração	RR	Consertado
		RF	Atrito / fricção	RR	Consertado
				RP	Substituído
		IF	Aperto Inadequado	FP	Ajustado corretamente
		IL	Lubrificação Imprópria	LB	Lubrificado
				MD	Modificado
		OC	Excesso de corrente	RD	Reduzido
		PC	Processo	AJ	Ajustado
				MD	Modificado
		AD	Ajustamento	AJ	Ajustado
		WA	Aplicação errada	MD	Modificado
ESF	Segurança	IM	Material impróprio	MD	Modificado
		ID	Projeto inadequado	MD	Modificado
		LA	Falta de análise de riscos	MD	Modificado
		LT	Falta de proteção	PR	Protegido

Árvore Geral de Falhas

Árvore de Códigos de Efeitos x Causas x Ações - Especialidade de Elétrica					
EFEITO		CAUSA		AÇÃO	
EIK	Intertravamento	IL	Lubrificação Imprópria	LB	Lubrificado
				RP	Substituído
				RR	Consertado
				MD	Modificado
		BK	Quebra	RP	Substituído
				RR	Consertado
		AD	Ajustamento	RU	Regulado
		DB	Funcionamento defeituoso	RP	Substituído
		RF	Atrito / fricção	RR	Consertado
				RP	Substituído
				AJ	Ajustado
		LT	Falta de proteção	PR	Protegido
ECK	Rachaduras	OL	Excesso de carga	WD	Soldado
				RP	Substituído
				RR	Consertado
		VB	Vibração	WD	Soldado
				RP	Substituído
				RR	Consertado
		WE	Desgaste	RR	Consertado
				WD	Soldado
				RP	Substituído
		IF	Aperto Inadequado	WD	Soldado
				RP	Substituído
				FP	Ajustado corretamente
				RR	Consertado
		IM	Material impróprio	MD	Modificado
				WD	Soldado
		TC	Rachadura térmica	IU	Isolado
				RR	Consertado
				WD	Soldado
				RP	Substituído
		DW	Solda defeituosa	WD	Soldado
		ED	Descarga elétrica	RP	Substituído
				RR	Consertado
		AG	Envelhecimento	RP	Substituído
		PA	Ressecamento	RP	Substituído
EVB	Vibração	EC	Folga Excessiva	AJ	Ajustado
		IF	Aperto Inadequado	TG	Apertado
				FP	Ajustado corretamente
				RE	Reforçado
		ET	Problema elétrico	RR	Consertado
				RP	Substituído
		RN	Ressonância	MD	Modificado
				RE	Reforçado
		RF	Atrito / fricção	AJ	Ajustado
				AL	Alinhado

16.3) Códigos relacionados com as atividades da especialidade de Instrumentação.

Árvore Geral de Falhas

Árvore de Códigos de Efeitos x Causas x Ações - Especialidade de Instrumentação					
EFEITO		**CAUSA**		**AÇÃO**	
IOH	Sobreaquecimento	**HE**	Ambiente abafado	**VT**	Ventilado
				MD	Modificado
		BV	Má ventilação	**VT**	Ventilado
		BC	Mal contato	**TG**	Apertado
				RP	Substituído
		OL	Excesso de carga	**RD**	Reduzido
		DC	Componente defeituoso	**RP**	Substituído
				RR	Consertado
IGD	Aterramento	**IC**	Circuito interrompido	**RP**	Substituído
				RR	Consertado
		RS	Resistência alta	**GC**	Aterramento corrigido
				MD	Modificado
ISC	Curto-circuito	**LI**	Baixa isolação	**RR**	Consertado
				RR	Consertado
		FB	Corpos Estranhos	**RR**	Consertado
				RR	Consertado
		DC	Componente defeituoso	**RR**	Consertado
				RP	Substituído
IOC	Excesso de corrente	**OV**	Sobretensão	**RR**	Consertado
				RP	Substituído
		PS	Fonte de energia defeituosa	**RR**	Consertado
		OL	Excesso de carga	**RD**	Reduzido
				MD	Modificado
		ID	Projeto inadequado	**MD**	Modificado
		IN	Indução	**RM**	Removido
				RP	Substituído
IDR	Drive	**LW**	Falta de energia	**IV**	Inspecionado
		DF	Falha do equipamento	**RR**	Consertado
				RP	Substituído
		WP	Posicionamento errado	**AJ**	Ajustado
		BK	Quebra	**RR**	Consertado
				RP	Substituído
		RS	Resistência alta	**RR**	Consertado
				RP	Substituído
ICL	Sistema de controle	**LW**	Falta de energia	**IV**	Inspecionado
		PS	Fonte de energia defeituosa	**RR**	Consertado
				RP	Substituído
		DC	Componente defeituoso	**RR**	Consertado
				RP	Substituído
		BK	Quebra	**RP**	Substituído
				RR	Consertado
ICA	Fora de calibração	**LC**	Célula de carga defeituosa	**RP**	Substituído
		DC	Componente defeituoso	**RR**	Consertado
				RP	Substituído
		LP	Perda de parâmetros	**AJ**	Ajustado
				CB	Calibrado
		SW	Peso fora do padrão	**RP**	Substituído
		UK	Desconhecido	**CB**	Calibrado

Árvore Geral de Falhas

Árvore de Códigos de Efeitos x Causas x Ações - Especialidade de Instrumentação					
EFEITO		CAUSA		AÇÃO	
IEM	Emissor	OT	Fora de tolerância	RP	Substituído
		IF	Aperto Inadequado	FP	Ajustado corretamente
		DT	Excesso de poeira	CN	Limpo
		BC	Mal contato	RP	Substituído
		LW	Falta de energia	IV	Inspecionado
		PS	Fonte de energia defeituosa	RR	Consertado
				RP	Substituído
ILW	Falta de energia	PO	Defeito na fonte de energia	IV	Inspecionado
		IC	Circuito interrompido	RR	Consertado
				JP	Emendado
		BC	Mal contato	CN	Limpo
				RR	Consertado
				RP	Substituído
				TG	Apertado
		PS	Fonte de energia defeituosa	RR	Consertado
				RP	Substituído
		BU	Queima	RP	Substituído
		SC	Curto-circuito	RR	Consertado
				RP	Substituído
IIF	Aperto Inadequado	IM	Material impróprio	RP	Substituído
				MD	Modificado
		DC	Componente defeituoso	RR	Consertado
				RP	Substituído
		RF	Atrito / fricção	RR	Consertado
				RP	Substituído
		MA	Desalinhamento	AL	Alinhado
		EC	Folga Excessiva	TG	Apertado
				AJ	Ajustado
		VB	Vibração	TG	Apertado
				RR	Consertado
				RP	Substituído
				FP	Ajustado corretamente
		IA	Montagem imprória	RR	Consertado
IIN	Indução	CC	Proximidade de condutor carregad	IU	Isolado
		GD	Aterramento	RR	Consertado
ILI	Baixa isolação	AG	Envelhecimento	RJ	Renovado
				RP	Substituído
				RR	Consertado
		OV	Sobretensão	IV	Inspecionado
		IM	Material impróprio	RP	Substituído
		RF	Atrito / fricção	RP	Substituído
				RR	Consertado
		OH	Sobreaquecimento	IV	Inspecionado
				VT	Ventilado
		HU	Umidade	DY	Seco
		OL	Excesso de carga	RD	Reduzido
				RP	Substituído

Árvore Geral de Falhas

Árvore de Códigos de Efeitos x Causas x Ações - Especialidade de Instrumentação					
EFEITO		**CAUSA**		**AÇÃO**	
IBC	Mal contato	**DC**	Componente defeituoso	**RP**	Substituído
				RR	Consertado
		LS	Afrouxamento	**TG**	Apertado
		OX	Oxidação	**RP**	Substituído
				CN	Limpo
		IF	Aperto Inadequado	**FP**	Ajustado corretamente
		WP	Posicionamento errado	**AJ**	Ajustado
		VB	Vibração	**RR**	Consertado
				RP	Substituído
				TG	Apertado
		WE	Desgaste	**RP**	Substituído
		DT	Excesso de poeira	**CN**	Limpo
IBU	Queima	**PT**	Falha de proteção	**RR**	Consertado
				RP	Substituído
		RF	Atrito / fricção	**RR**	Consertado
				RP	Substituído
		LI	Baixa isolação	**RR**	Consertado
				RP	Substituído
		SC	Curto-circuito	**RR**	Consertado
				RP	Substituído
IVD	Queda de tensão	**PS**	Fonte de energia defeituosa	**RR**	Consertado
		SF	Falha do fornecedor	**IV**	Inspecionado
		OL	Excesso de carga	**RD**	Reduzido
				MD	Modificado
		SC	Curto-circuito	**RR**	Consertado
				RP	Substituído
		DC	Componente defeituoso	**RR**	Consertado
				RP	Substituído
IBK	Quebra	**OL**	Excesso de carga	**RP**	Substituído
				RR	Consertado
		ST	Estresse de Material	**RP**	Substituído
				RR	Consertado
		VB	Vibração	**RP**	Substituído
				RR	Consertado
		RF	Atrito / fricção	**RP**	Substituído
				RR	Consertado
		IF	Aperto Inadequado	**RP**	Substituído
				FP	Ajustado corretamente
				RR	Consertado
		MS	Choque Mecânico	**RP**	Substituído
				RR	Consertado
		WE	Desgaste	**RP**	Substituído
				RR	Consertado
IMR	Marshalling rack (I/O)	**OL**	Excesso de carga	**RR**	Consertado
				RP	Substituído
		SC	Curto-circuito	**RR**	Consertado
				RP	Substituído
		IC	Circuito interrompido	**RR**	Consertado
				RP	Substituído
		DC	Componente defeituoso	**RR**	Consertado
				RP	Substituído

Árvore Geral de Falhas

Árvore de Códigos de Efeitos x Causas x Ações - Especialidade de Instrumentação					
EFEITO		CAUSA		AÇÃO	
ICO	Refrigerador	HE	Ambiente abafado	VT	Ventilado
				MD	Modificado
		OL	Excesso de carga	RR	Consertado
				RP	Substituído
				VT	Ventilado
				MD	Modificado
		BK	Quebra	RR	Consertado
				RP	Substituído
ISN	Sensor	OT	Fora de tolerância	RP	Substituído
				CB	Calibrado
		IF	Aperto Inadequado	FP	Ajustado corretamente
		DT	Excesso de poeira	CN	Limpo
		BC	Mal contato	RR	Consertado
				RP	Substituído
				TG	Apertado
		LW	Falta de energia	IC	Inspecionado
		PS	Fonte de energia defeituosa	RR	Consertado
				RP	Substituído
IIK	Intertravamento	IL	Lubrificação Imprópria	LB	Lubrificado
				RP	Substituído
				RR	Consertado
				MD	Modificado
		BK	Quebra	RP	Substituído
				RR	Consertado
		AD	Ajustamento	RU	Regulado
		DB	Funcionamento defeituoso	RP	Substituído
		RF	Atrito / fricção	RR	Consertado
				RP	Substituído
				AJ	Ajustado
IVB	Vibração	IM	Material impróprio	RP	Substituído
				MD	Modificado
		EC	Folga Excessiva	AJ	Ajustado
		IF	Aperto Inadequado	TG	Apertado
				FP	Ajustado corretamente
				RE	Reforçado
		ET	Problema elétrico	RR	Consertado
				RP	Substituído
		RN	Ressonância	MD	Modificado
				RE	Reforçado
		RF	Atrito / fricção	AJ	Ajustado

Apêndice

Ciclo da Ocorrência da Falha Funcional e a sua "Eliminação"

"Entendendo o Fenômeno da Falha Funcional"

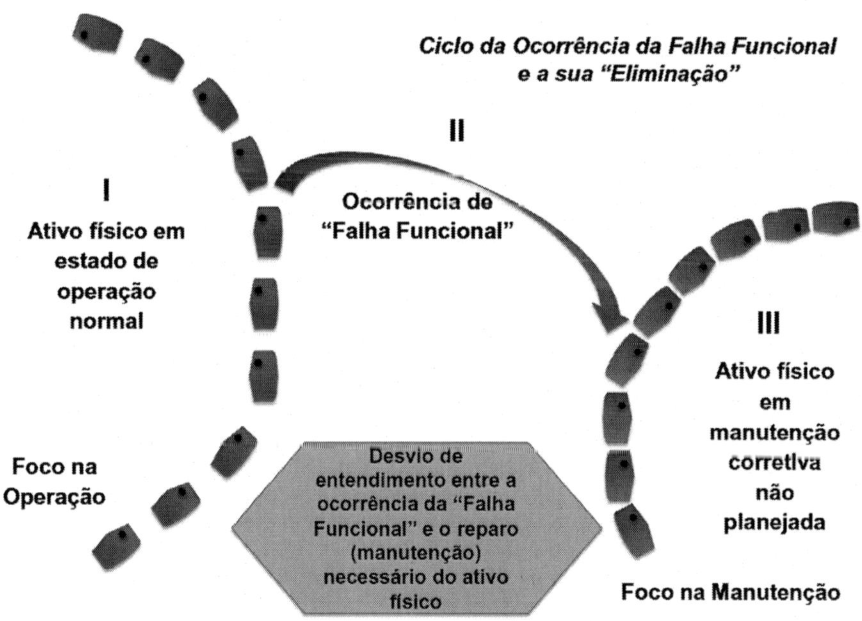

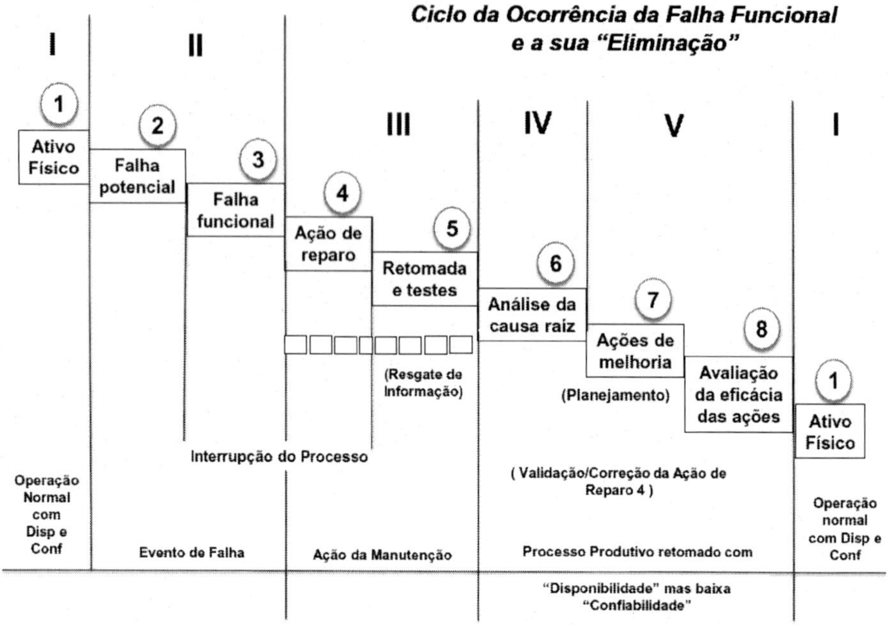

Fase I: "Operação Normal"

1 - Ativo Físico

a) O ativo físico funcionando nas condições operacionais de acordo com as metas da operação.
b) Processo produtivo sendo atendido dentro dos padrões estabelecidos.
c) O ativo físico mantendo seu nível de desempenho conforme definido pela engenharia.
d) A segurança do processo garantida pelo ativo físico em operação.
e) As condições e impactos ambientais estão dentro dos padrões estabelecidos pela legislação.
f) A operação não gerando nenhuma solicitação de serviço para a manutenção.
g) Os indicadores medidos apresentando resultados dentro dos limites aceitáveis.
h) Produtividade "alta", Disponibilidade "alta" e Confiabilidade "alta".

Fase II: "Evento da Falha"

2 - Falha Potencial

a) Primeiro indício da perda de desempenho do ativo físico conforme definido pela engenharia.
b) Início da ocorrência da "Falha Funcional".
c) Também conhecida como etapa da ocorrência de "defeitos".
d) É quando o ativo físico "fala" que algo está em desacordo com suas condições normais de operação.
e) A operação inicia a geração de solicitação de serviços "não planejados" para a manutenção.
f) Os indicadores medidos apresentando resultados fora dos limites aceitáveis.
g) As condições e impactos ambientais estão fora dos padrões estabelecidos pela legislação.
h) Produtividade "média", Disponibilidade "alta" e Confiabilidade "baixa".

3 - Falha Funcional

a) Perda total de desempenho do ativo físico conforme definido pela engenharia.
b) É quando o ativo físico "apresenta" que algo está em desacordo com suas condições normais de operação.
c) A operação gera a solicitação de serviços "não planejados" para a manutenção.
d) Os indicadores medidos apresentando resultados fora dos limites aceitáveis.
e) As condições e impactos ambientais estão fora dos padrões estabelecidos pela legislação.
f) A operação perde totalmente a condição de utilização do ativo físico.
g) Pior momento para o processo produtivo da empresa.
h) Produtividade "baixa", Disponibilidade "baixa" e Confiabilidade "baixa".

Fase III: "Ação da Manutenção"

4 - Ação de Reparo

a) Intervenção direta da equipe de manutenção no reparo necessário após a ocorrência da falha funcional.
b) Ação de campo da manutenção sem a garantia dos recursos necessários devidamente provisionados.

c) Atividade de manutenção sem tempo definido mas sempre sob pressão.
d) Alto risco de ocorrência de acidentes pessoais e ambientais.
e) Aumento direto no custo do processo produtivo.
f) Atividade de manutenção fora do orçamento aprovado pela empresa.
g) Impacto "negativo" direto na imagem da área de manutenção da empresa.
h) Muitas vezes entendida como uma atividade sinônimo de "manutenção".

5 - Retomada e Testes

a) Atividade da equipe de manutenção na entrega do ativo físico após o reparo.
b) Alto risco de ocorrência de acidentes pessoais e ambientais.
c) Validação da atividade realizada perante a área de operação.
d) Retomada do ativo físico em processo produtivo.
e) Cumprimento da etapa da modalidade de manutenção não planejada.
f) Processo produtivo pronto para continuar produzindo com disponibilidade, dentro dos padrões estabelecidos.
g) Garantia de atendimento às questões dos impactos ambientais.
h) Garantia de atendimento às questões da segurança e saúde ocupacional.

Fase IV: "Processo Produtivo Retomado"

6 - Análise da Causa Raiz

a) Estudo técnico detalhado para a identificação da(s) causa(s) raiz(es) (Física/Humana/Latente).
b) Garantia da contribuição direta para a Confiabilidade Operacional.
c) Garantia da não repetitividade do evento da falha funcional.
d) Reforça a importância do registro com qualidade dos eventos corretivos não planejados.
e) Reforça a importância do histórico confiável.
f) Identifica os responsáveis pela ocorrência do evento da falha funcional.
g) Contribui para a garantia da melhor aplicação dos recursos envolvidos.
h) Contribui para a redução dos custos de manutenção e dos custos operacionais.
i) Contribui para a transparência da informação compartilhada na empresa.
j) É base para um processo de melhoria contínua.
k) É a transformação de um ambiente reativo (20-80) para um planejado (80-20).

7 - Ações de Melhoria

a) Definição das atividades a serem realizadas para eliminar a causa raiz.
b) Preparação de um plano de ação no padrão (5W2H) (O Quê?/Porquê?/Como?/ Quem?/Onde?/Quando?/Quanto Custa?)
c) Provisionamento dos recursos necessários para o atendimento as atividades determinadas.
d) Planejamento das ações a serem realizadas.
e) Definição das prioridades (1/2/3) por cada ação a ser realizada.
f) Programação das ações conforme a prioridade definida.
g) Cumprimento das atividades conforme o planejado e programado.
h) Registro das atividades realizadas com todas as informações do ocorrido em campo.

8 - Avaliação da Eficácia das Ações

a) Medir, através de parâmetros quantitativos (indicadores), os resultados das ações realizadas.
b) Garantir a qualidade das informações que compõe a base de cálculo dos parâmetros quantitativos.
c) Comparar os resultados medidos com o histórico do indicador calculado.
d) Validar a ação de reparo realizada no item 4 anterior.
e) Se necessário, promover a correção da ação de reparo do item 4 anterior.
f) Garantir a disponibilidade do ativo físico.
g) Garantir a retomada da Confiabilidade do ativo físico.

Bibliografia

ALVAREZ, Manuel S. B. – Terceirização – Parceria e Qualidade – Editora Campus – 1996

BALM, Gerald J. – Benchmarking – Um Guia Prático para o Profissional tornar-se – e continuar sendo – o Melhor dos Melhores – Qualitymark Editora – 1995

BARBOSA, Christian – Equilíbrio e Resultado – Por Que as Pessoas não Fazem o Que Deveriam Fazer? – Editora Sextante - 2012-11-07

CONNELLAN, Tom – Nos Bastidores da Disney – Os Segredos do Sucesso da Mais Poderosa Empresa de Diversões do Mundo – Editora Futura – 2007

DALEY, Daniel T. - Failure Mapping – A New and Powerful Tool for Improving Reliability and Maintenance – International Press Inc. – 2009

DEMING, W. Edwards – A Nova Economia para a Indústria, o Governo e a Educação – Qualitymark Editora – 1997

DISNEY Institute – O Jeito Disney de Encantar os Clientes – Do Atendimento Excepcional ao Nunca Parar de Crescer e Acreditar – Editora Saraiva - 2011

DOYLE, Arthur Conan – As Aventuras de Sherlock Holmes – Editora Zahar – 2011

DOYLE, Arthur Conan – As Melhores Histórias de Sherlock Holmes – L&PM Pocket – 2005

ELTZ, Fábio – Qualidade na Comunicação – Preparando a Empresa para Encantar o Cliente – Casa da Qualidade – 1994

FILHO, Gil Branco – Dicionário de Termos de Manutenção e Confiabilidade – Editora Ciência Moderna - 2000

GRINBERG, Renato – A Estratégia do Olho de Tigre – Atitudes Poderosas para o Sucesso na Carreira e nos Negócios – Editora Gente – 2011

HRADESKY, John L. – Aperfeiçoamento da Qualidade e da Produtividade – Guia Prático para a Implementação do Controle Estatístico do Processo – CEP – Mc Graw Hill – 1989

KARDEC, Alan – NASCIF, Júlio – Manutenção – Função Estratégica – Qualitymark Editora – 1999

LEDET, Winston P. – Don't Just Fix It, Improve It! – Reliabilityweb.com – 2009

LEE, Fred – Se Disney Administrasse seu Hospital – 9 ½ Coisas que Você Mudaria – Editora Bookman – 2009

LEVITT, Joel – Lean Maintenance – International Press Inc. – 2008

LIKER, Jeffrey K. – O Modelo Toyota (A empresa que criou a produção enxuta) – 14 Princípios de Gestão do Maior Fabricante do Mundo – Editora Bookman – 2006

MATHER, Daryl – The Maintenance Scorecard – Creating Strategic Advantage – Industrial Press Inc. – 2005

MAY, Matthew E. – Toyota – A Fórmula da Inovação – Editora Campus – 2007

MC CARTHY, John J. – Por Que os Gerentes Falham – Mc Graw Hill – 1990

MIRSHAWKA, Victor – OLMEDO, Napoleão Lupes – Manutenção – Combate aos Custos da Não-Eficácia – Makron Books – 1993

MIRSHAWKA, Victor – OLMEDO, Napoleão Lupes – TPM à Moda Brasileira – Makron Books – 1994

MIRSHAWKA, Victor – Criando Valor para o Cliente - Makron Books – 1993

MITCHELL, John S. – Physical Asset Management Handbook – Clarion Technical Publishers - 2007

MORTELARI, Denis – SIQUEIRA, Kleber – PIZZATI, Nei – O RCM na Quarta Geração da Manutenção de Ativos – RG Editores – 2011

MOTTER, Osir – Manutenção Industrial – O Poder Oculto na Empresa – Editora Hemus – 1992

MOUBRAY, John – Reliability Centred Maintenance – Butterworth Heinemann – 1997

NYMAN, Don – LEVITT, Joel – Maintenance Planning, Scheduling & Coordination – Industrial Press Inc. – 2001

PALMER, Richard – Maintenance Planning and Scheduling Handbook – McGraw-Hill Handbooks – 2006

SMALLEY, Art – Entendendo o Pensamento A3 – Um Componente Crítico do PDCA da Toyota – Editora Bookman – 2008

SUZUKI, Tokutaro – TPM in Process Industries – Productivity Press Inc. – 1994

TAKAHASHI, Yoshikazu – OSADA, Takashi – Manutenção Produtiva Total – IMAM – 1993

TREGOE, Kepner – Detecção Analítica de Falhas – 1975

WELLINS, Richard S. – Equipes Zapp! – Criando energização através de equipes autogerenciáveis para aumentar a qualidade, produtividade e participação – Editora Campus – 1994

WIREMAN, Terry – Developing Performance Indicators for Managing Maintenance – Industrial Press Inc. – 2005

WIREMAN, Terry – Benchmarking – Best Practices in Maintenance Management – Industrial Press Inc. – 2004

YASUDA, Yuzo – 40 Years, 20 Million Ideas – The Toyota Suggestion System – Productivity Press Inc. – 1990

ZEN, Milton Augusto Galvão – O Fator Humano na Manutenção – Qualitymark Editora –2004

Índice Alfabético

P

Q

R

S

T

V

W

Impressão e Acabamento
Gráfica Editora Ciência Moderna Ltda.
Tel.: (21) 2201-6662